成功する医療機器開発ビジネスモデル

ゼロからの段階的参入でブレイクスルーを起こす

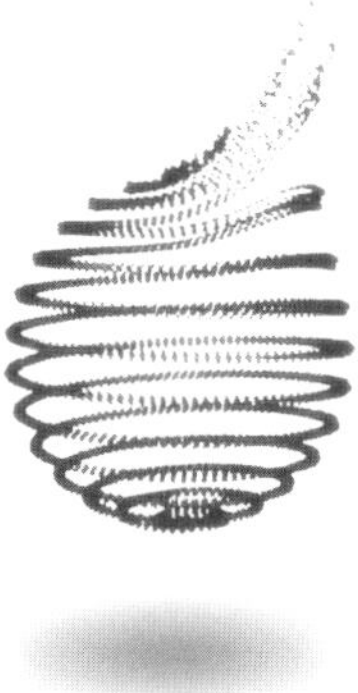

久保田 博南 著

日刊工業新聞社

はじめに

わが国では、このところ少子高齢化の話題で持ちきりである。たとえば、70年ほど前のこどもの割合が30％だったと仮定して、その30％がそのまま30％の比率を保って後期高齢者になったと考えてもいい。このままでは、介護を必要とする高齢者だけが増えてしまって、介護をする人が不足する時代になる。

だが、危機感のみを煽ってばかりでは意味がない。それより、危機こそチャンスという考え方が必要だ。たとえば、本書の主題とする医療機器産業についていうなら、高齢化社会に適合する医療機器開発をどう進めるのか、その具体策を練ることが必要な時期を迎えている。

とりわけ、高齢化に伴う寝たきりや要介護状態を回避し、ＱＯＬ（Quality of Life）を向上させることが重要になるが、そのためには、一人ひとりの人生の内容や質の向上を目指し、まずは基本である健康面から人生に幸福を見出すことが課題となる。加齢は誰でもがもつ宿命で、それを回避するわけにはいかない。それなら、高齢化による体力・知力の衰えを最小限とするような「健康寿命をいかに伸ばすか」その対応策が大切であり、その一つとなるのがＱＯＬ向上に役立つ健康機器・健康グッズの開発ということになる。

たとえば、ロコモティブシンドローム（運動器症候群）予防のための「無理のないステップ訓練機」などが実現している。また、在宅で簡単に測定可能な「連続・非観血血圧計」「連続・非観血血糖度計」、あるいは「疲れ・痛みの計測」「睡眠モニタ」なども期待される。

もう一方では、ＩＴ／ＡＩ関連といった新技術分野との連携がある。これからの業界活性化の一環として、現状の医療機器産業を、時代の先端技術と協調させることが必要だ。一例をあげれば、がん治療に関しては、重粒子線やハイパーサーミア（温熱療法）などの新しい治療法の確立や治療の最適化システムの構築が求め続けられている。

このところ、医療機器開発支援事業などが目白押しに繰り出されている。これには、医療機器産業振興政策として、ものづくりが得意な日本の製造業活性化という目標が根底にある。今、これが医療機器産業界にとっては、追い風となっている。対象となるのは医療機器・健康機器・介護／福祉機器などの産業で、医工連携に焦点をあてるべきだという施策だ。この風に乗るにはどうするか、異業種産業やこれまで未加入の企業にとっても注目に値する市場だ。

ここでは、これからの社会環境の変化と現状の医療機器産業界を俯瞰しつつ、今後わが国ではこの産業がどう展開していくのか、それを考えていきたい。本書では、医療機器メーカ側・供給サイドからの視点で現実的な実践論を述べ、この業界での体験をもとに、将来のこの産業界の活性化に焦点を当てたい。そうすることで、法規制をつかさどる政府機関や認証機関への要望だけでなく、日本の企業が抱えている諸課題への対応策などを中心テーマとしたい。

じつは、医療機器産業への参入関連の話はこれまでも頻繁に議論されている。しかし、その議論の中心はいつも法規制対応であった。これだけ、医療機器開発の重要性が叫ばれながら、具体的にどう進めるかという実践論が存在しない。それなら、この課題への回答を書くのが現代に生きるわれわれの使命ではないかと考えられる。

現代の健康増進や医療向上のために必要なのは、難しい議論ではない。これからの環境変化にどう応えるのか、そのためには何をいかに開発するべきかということだ。そしてそれを考えるには、これまでの経験値としてある医療機器開発の成功例を示すことが効果的であろう。そうすることで環境変化に対応できる医療機器をどう開発すればいいのか、その答えを示すのが本書のいちばんの目的である。

２０１９年１月

久保田　博南

成功する医療機器開発ビジネスモデル
ゼロからの段階的参入でブレイクスルーを起こす

目次

第一章 医療機器の素顔に迫る 23

第二章 開発課題山積みの原因の追究 41

第二章 ゼロから出発するヘルスケア機器開発
―段階的参入のススメ

第六章 新規開発と薬機法の適合性を探る 117

終章 日本発のオリジナル・ビジネスプラン ―実践的医療機器開発 139

コラム ❶

キャッチコピーだけの「血液一滴」にならないために

このところ、何かと衆目の的となっているのが、「血液一滴でがん診断」「尿一滴でがん検査」といった話題だ。数年前からキャッチコピーとして使われだしたこの「一滴」の大宣伝は、今なおそれに飛びつく人が多く、大手新聞、テレビでも頻繁に取りあげられた。

記事を読んだりテレビで報じられると、一般人は明日からでもそんな夢が実現すると錯覚する。なぜなら、その内容たるや、いかにもすぐに実現しそうな報道をするからだ。しかも、「血液一滴でがん13種類が判別できる」とか、「3分以内で結果が出る」という具体的数字まで付加されると、医療現場での即実現を夢想してしまう。

もちろん、誰もがもろ手をあげてその日の来ることを願うことには変わりがない。だが、冷めた目で見るなら、本当の実現性はどうなのか。たとえば、「1年以内にどうか？」とか、「実用機の大きさは？」というような現実的な追及をすると、「時期的な見通しは、、、」「まだ試作段階なので、、、」というあいまいな回答が返ってくる。

単なる研究段階では、すぐに医療貢献できる確率も少ないのに、大々的な発表をしてしまうことに、まずは問題がある。というのは、実際の医療貢献となると、実用的な医療機器の完成、効果的な検査方法として確立すること、薬機法をクリアすること、実用化後の採算性の確保などなど、突破しなければならない障壁が大きい。そういった、基本的な要件を全く無視した状況で、単なる夢を売ることがいいのかどうか。「夢」だけならいいとしても、実際に「空想や仮説段階の研究のみ」の報道は、失望感が残るだけだ。発表側だけでなく、報道側にも基本的な要件を踏まえているのかどうかのチェック機能を備えてほしい。

序章

高齢化社会が求める医療機器

過去を引き合いに現代医療を考える

現在の〝医療〟を俯瞰するとき、第三者的な目で見たらどう映るのか、という単純な設問を作ってみた。

この種の総論的な質問に答えるには、一つの切り口を設定するのがよいかも知れない。たとえば、時間的な変化というのも一つ。つまり、半世紀前と現在の比較というような手がある。

そこで、過去の状況を思いつくままにあげてみる。

その昔、病気の診断には聴診器が主役であり、それが医師の仕事の代名詞・トレードマークであった。今でも、医師の画像を検索すると、聴診器を首にかけた画像がでてくる。その当時、簡単なX線検査、血液検査などは行われていたが、大病院といっても平屋がほとんど。高校生のとき血液検査だけで「虫垂炎」と診断され、下腹部切開の手術を受けた経験がある。手術室などという大げさなものでなく、普通の病室だった。

小中学校での健康診断は身長と体重、それに検便、ときには肺活量測定などがあった。全学童に向けて、天然痘予防のために種痘の接種も行われていた。種痘を受ける上腕の接種部がただれ、必ず痕跡が残る。今なおその爪痕を残しているのは、40代後半以上の人たちだろう。というのは、1980年に天然痘はWHOにより根絶が宣言され、種痘も廃止されたからである。

また、その頃は肺結核が〝不治の病〟〝肺病〟と恐れられ、小学1年時と中学1年時にツベルクリン検査というのがあった。ツベルクリン検査で陰性反応が出ると、BCG注射というのが待っていた。BCGワクチンを植えつけることによって、結核罹患への耐性を備えさせたためだ…

これだけの事例で現代と比較するのでは信頼度が低すぎるが、この比較例だけでも変化の大きさが感じられ、現代医療とはかけ離れた事情がわかる。その頃はまだ、がんはなかったのか、あってもあまり騒がれてはいなかった。がんを現代病と言っているのはその裏付けだ。くだんのツベルクリンの検査制度は、15年も前に廃止されている。

それでは、現代の医療は?という設問に戻ろう。設備、機器群を見れば、最新鋭のシステムがずらりと並び、各診療科ごとの専門医が適切な医療を施している。それゆえに、わが国の平均寿命は延びつづけ、世界でも有数の長寿国になった。ただし、がんやアルツハイマーなど今なお、手探り的な対応を迫られている現状もある。

インターネットやSNSが普及した現在では、医療情報の広がり方も変わった。医療事故や医師の過失は即座に取りざたされ、過去には外に出ることのなかった、ある意味では誤診も明る見に出るようになってきた。これを見ると情報の伝達の速さは、良くも悪くも医療を加速度的に発展させた要因の一つであろう。

そして現代から未来への医療を考える

こうした現実を踏まえて、近未来の医療を考えるのが我々に与えられた使命といってもいい。一つのサンプルと取り上げて将来はどうなるのを考えれば、おぼろげながらも先のことが占えるかもしれない。

というのは、医療も一気に変化するわけでなく、一歩一歩の前進の積み重ね、そのためには現在の延長上で考えるしかない。

よく言われるのは、少子高齢化で、総人口減少と高齢者の人口比率増加だ。「人生百歳時代の到来」ということばもつぶやかれる。それなら、百歳になっても元気で生きられる方法はないのか、そのために必要な健康管理や求められる医療とはどんなものなのか。

こういう課題への解決策は、単純に考える方がベターだろう。いくら考えても何の結論も出ないくらいなら、それこそ時間の浪費にすぎない。それより、一つでも具体案を考えだすに越したことはない。

高齢化社会の到来となれば、「課題百出」といわれる。その心は何かといえば、医療・介護が追いつかない、誰が年寄りの面倒を見るのか、などという疑問が叫ばれ続けている。加えて、働ける医師や介護者不足、面倒を見られる人より見るほうが圧倒的に少なくなるという心配。だが、こういう時代が一気に来るわけではない。

それに、ものは考えようだ。観点を変えれば、違った解決策が出てくるかも知れない。つまり、高齢化を味方につけるにはどうすればよいのか、と考えてみるのも一法だろう。たとえば、勤労年代の延長や年金受け取り年代のスライド、それより、健康年齢の延伸とＱＯＬの向上など。挙げ連ねればきりがないほどだ。理想は「長寿でかつ健康」なので、そのための方策を考えればよい。

目標が明確であるなら、対応策を考えやすい。心配や不安を掻き立てるだけでは、何一つ具体策が出てこないことを、肝に銘じておくべきだろう。これは医療機器の新規開発や導入に通じるものがあることを付け加えておきたい。

広がる医療とその課題

早速、具体案の策定を目的として、まずは現代医療の分析から始めてみよう。

実際のところ、過去を顧みること、現実を見つめること、そして、その結果を踏まえた形で未来を志向してみたい。現実を重視した現在の延長線上に、未来へ向けての絵を描くことが理に適っている。

ところで、現時点での医療は、過去からの膨大な遺産や財産の上にある。これを無視して、夢のような話を創り上げても、それこそ「砂上の楼閣」が築き上げられてしまうに等しい。それより、現実を見つめ、確固たる土壌の上に実用的な建造物を仕立て上げるべきなのだ。

それでは、これからの医療はどうすべきか。前例でいうなら、「がん対策」であり、「アルツハイマー対策」である。さらには、現代人が抱える「メタボ対策」のための医療や健康管理のあり方の模索かも知れない。また、心筋梗塞、脳卒中などの深刻な疾病予防策もあるだろう。また、エイズや新種のインフルエンザなど、これまでにない新疾患への対応も重要だ。

一方で精神的疾患への対応も必要となる。現代社会では、物質的には満足な生活ができているとしても、それが必ずしも肉体的・精神的な満足と結びつくとは限らない。疾病予防、健康維持のための医療は、さらに追及されるべき状況にある。

確かに、昔と比べれば現代医療は雲泥の差がある。しかし、まだまだ満足とは言い切れない。医療スタッフの不足、医療費の高騰、地域格差の拡大…などなど課題は山積している。もちろん、これらのすべてを満足する理想論を追い求めても意味がない。だが、一つでも二つでも、満足できる医療が確立されることは、万人の要求でもある。

いうなれば、求められる医療の質の向上（QOM：Quality of Medical）は常に拡大する方向にある。というより、効率的、効果的な医療、より多くの人びとに満足が与えられる医療が要求されている。現代医療は、「3時間待ちの3分診療」と揶揄されることもあるし、一流病院の診療を受けるためには3カ月待ち、というケースさえある。

総じて言うなら、こうなるだろう。「過去の医療と比較すれば、現代のそれはもちろん高度で充実したものとなっている。だが、課題は百出」これを解決するにはどうすべきなのだろう。今、私たちはこの突きつけられた新しい課題にも取り組むべきときを迎えている。

未来の医療はどうなるのか

さて、これから新しい時代に向けて、どうすればいいのだろう。

想定される社会環境は、大方の予想どおりの総人口減少、老人過多、労働人口の減少、少子化社会の出現ということになろう。前述のとおり、それをもとに期待されるのは、労働年代のスライド、つまりは労働可能年代をより上にもっていき、必要な労働力を確保すること。また、健康寿命と表現されるが、元気でいられる年代をより高齢年代へともっていくような対策。こうすることにより、必要な医療を最大限に実現するべきだろう。

労働可能年代と健康寿命の延長という二つの事象は分けて書いてみたが、密接な関係があることがわかる。前者、すなわち定年制の改定などの方策は、まだ働ける年代の中高年に「働く意欲や喜びを与える」メリットがある。そうなると、生きがいを感じながら過ごせる期間の延長に繋がる。このことが、とりもなおさず、後者の事象、すなわち健康期間の高齢化シフトと直接的に結びつくことになる。というより、そうしないといけないだろう。

こうした社会環境変動に関わる対応策だけでなく、その目的達成の一助になるのが、医療改革であろう。

そこで、未来社会が求める医療改革とは具体的にどう考えればよいのか。前記の目的を十分加味して、かいつまんでいうとすると、次の二つになるだろう。

一つは未病対策またはヘルスケアの促進による健康寿命の延長を目指す、二つ目は、高度医療の実現による、不治の病への挑戦となろう。

現在の医療を中心に据えると、前者はより健康志向への展開、後者はより終末医療への展開となるだろう。たとえば、医療機関へは保険制度により国が何割かの補助金（保険金）を負担する。しかしながら健康を維持するためのスポーツ施設や運動をして医者いらずの体になるには一切補助金は出ない。スポーツ施設に足繁く通うための仕組みにお金を投資することもひとつだ。

したがって、全体的に考えれば、医療全体は高度化と予防への拡張方向つまりはグローバル化の促進が必要、と想定される。

医療関連産業もグローバル化へ

この辺で、本来の目的である医療関連産業、とくに医療機器産業について将来の求められる姿を探ることにしよう。

図表序-1に、社会環境の変化、医療環境の変化それに伴う医療機器産業の変化についてまとめてみた。

前述の医療のグローバル化が進めば、それに伴って、医療機器などの業界に対しても同じ方向の要望が出てくると考えるのが妥当であろう。

その場合、これまでの医療側の環境変動に呼応して、それに応えられる医療機器の改良・開発が求められることになる。医療側からの要望をそのまま反映す

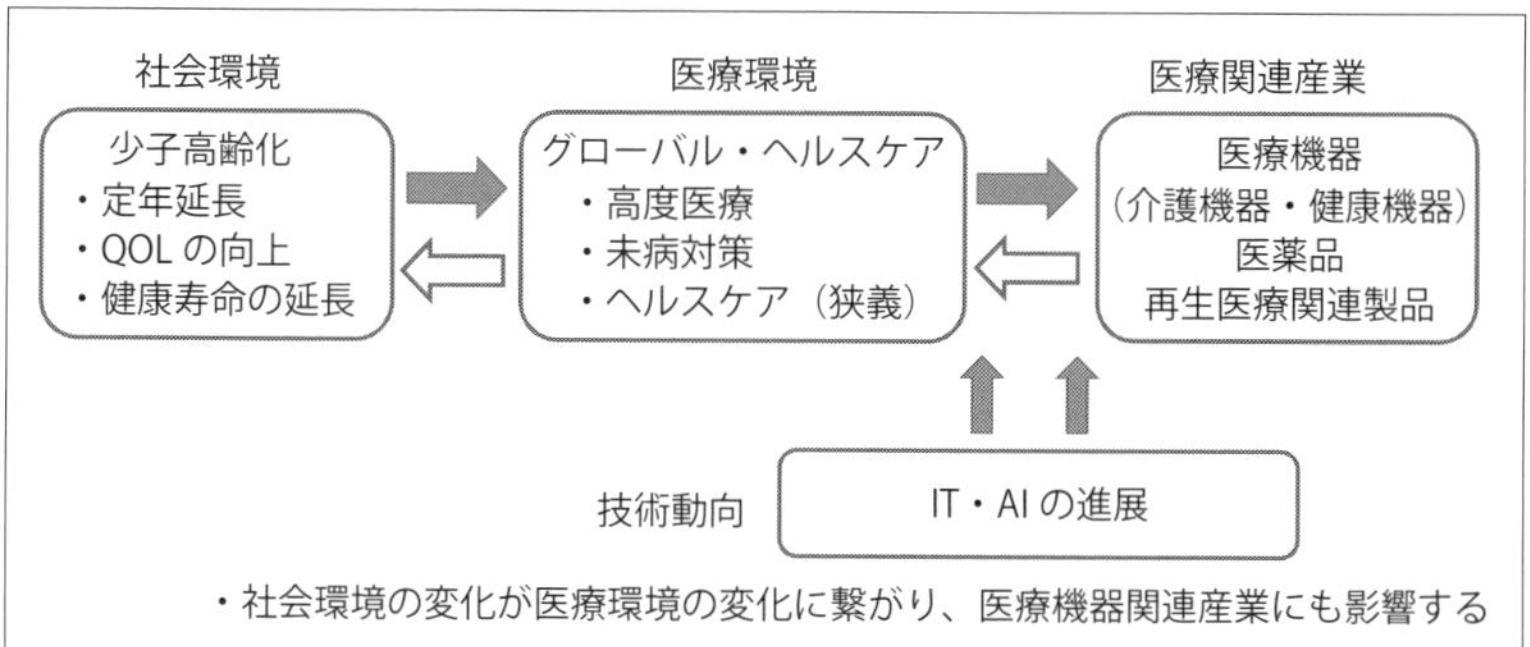

図表序-1　社会環境・医療環境の変化と医療関連産業

ると、

（1）健康管理機器の充実、

（2）高齢者にも適用可能な医療機器の充実

ということになろうか。これはほんの一例だが、こういった目的の機器類を核として、さらなる展開を考えてゆく必要があるだろう。

さらに、将来の医療機器産業を想定する場合、社会環境や医療環境についてだけでなくもっと違う次元での展開があるかも知れない。というのは、医薬品は別として、医療機器産業は、一般的な技術革新、とくに新技術分野のIoTやAIの影響が無視できない。それゆえに、それらとの相互乗り入れが必須という状況にある。

その中でも、典型的な例がワイヤレス技術の高機能・高精度化だ。インターネット・スマホの高機能化や、高精細テレビなども具体例となる。これらの純技術面だけでなく、革新的なソフトウエアの出現と相まって、医療機器についてもこうした新しい技術環境への対応も求められる。

つまり、医療機器の今後について一口でいうなら、機種や応用分野のグローバル化のみならず、機能・性能のグローバル化という面にも焦点が集まることになろう。一つだけ端的な実例を示すなら、救急医療への適用拡大がある。これまでの病院中心の医療から、介護施設や過疎地医療へ、また救急体制における医療の拡大などがますます必要になってくる。

さらに、この医療環境の変化はビジネスチャンス創出をも意味し、それらが相乗効果を生むことにも繋がるのである。

コラム❷

心電図測定の 115 年－①

オランダの生理学者・アイントーフェンが心電図の初めての描画に成功したのは、1903年のことだ。そのとき使用したのが自身で作り上げた「絃検流計（げんけんりゅうけい）」といわれる装置で、170kgにもおよぶ磁石の化け物のような装置だった。N極とS極と間に微細な「絃（白金線）」を通し、その両端に人体を接続して、心臓から発生する微小電位変動を計測したといわれる。

人体の心臓から発する電圧は、わずかに1mV程度しかないため、白金線に流れる電流もμAレベル。その電流変化によって生じる白金線の巨大磁石間での「微動」を、顕微鏡で観察したというのだから、そのアイディアといい、巨大装置を創り上げようとした熱意といい、筆舌に尽くしがたい。

20世紀初期の時代、まだ真空管の発明前ということを勘案すると、「電圧増幅」という概念さえ存在していなかった。それゆえに、この“力づくの”発明がノーベル賞の栄誉に輝いた実績は、なるほどという説得力もある。

（40ページ②につづく）

機種名	絃検流計	アップルウォッチ4
創始年	1903年	2018年
創始者（国名）	W. Einthoven（オランダ）	Apple Inc.（米国）
原理	巨大磁石間に微細白金線を通し、両端に四肢を接続して心電位変動による微動を顕微鏡で確認	アップルウォッチ裏面（クリスタル）およびデジタルクラウン（つまみ）間の電位差計測
使用部材	磁石、白金線＋（顕微鏡）	電子部品＋（ソフトウェア）
総重量	本体：170kg	本体：70g

第一章

医療機器の素顔に迫る

〝医療機器〟とその関連機器、いまだ成長中

〝ステーキを切るナイフと手術のときに使うメスの違いは何か？〟

ナイフは食器、メスは医療機器であるが、形も素材も使い方もほぼ同じ。両方を同時に見せられれば、どちらが医療機器なのか答えに窮するかもしれない。

まずは、〝医療機器〟とは何かという原初的な疑問から入ることにしよう。

「医療機器」というのは、「医療で使う機器」であって、「患者の診断や治療を目的として使われる機器」といえる。つまり、主として病院やクリニックなどの医療機関で使われる機器類を指している。これだけでは、まだ判然としない。使用場所の違いだけだろうか。

医療機器は「用途、目的、効果効能」がうたえるもの。それを作ったメーカも、使用した医師には使用目的に沿った「責任」が発生する。その責任がゆえに、形状・構造、管理する仕組みである品質管理システム（ＱＭＳ：Quality Management System）までもが国（厚労省）、行政法人（ＰＭＤＡ）の管理下に置かれ、そのお墨付きであるライセンス（承認・認証・届出）番号が付加されたものをいう。近年では設計・開発項目にはユーザビリティという「使いやすさ」や「誤装作の回避」の項目も付け加えられる。

　そこで、医療機器を大づかみする目的で、図表1－1を作ってみた。ここで示されるように、法律で規定する狭義の「医療機器」は、一般的用語としての医療機器（広義）とは別に使われる。本書では、とくに断らない限り、一般用語として使用する大枠での医療機器の話をする。したがって、ここでは、病院で使われる機器をはじめとして、介護分野や在宅で使われるもの、また健康機器と称される「ヘルスケアや予防用のグッズ」なども含む。

　医療機器に近い分野の製品を上げると、まずは「医薬品」がある。なぜ近いと考えられているのかという理由は非常に明確で、今は同じ法律で縛られているからだ。この点については大きな課題が

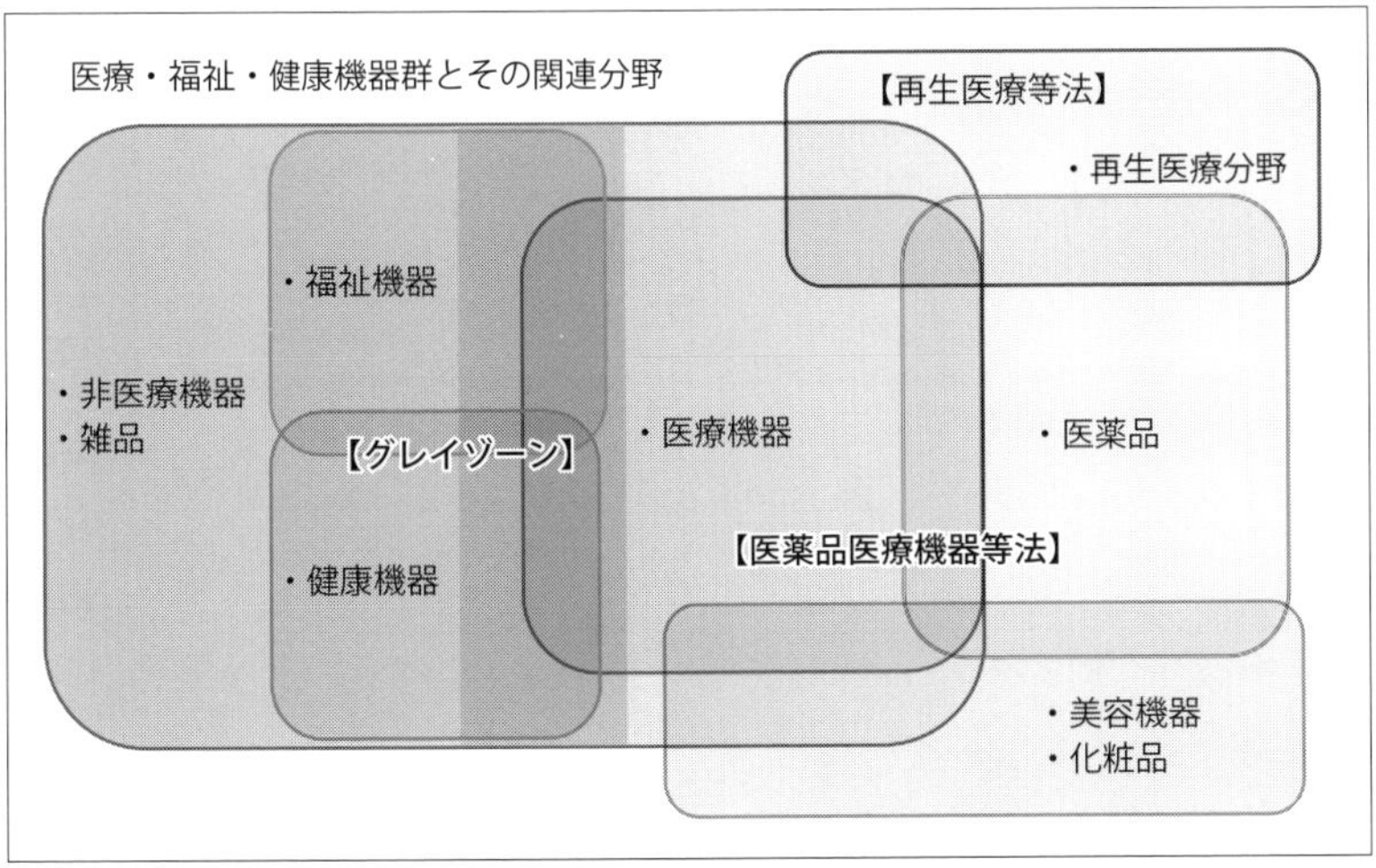

図表1-1　医療機器をとり巻く関連産業

あるが、その問題は後述する。その他、最近の中心テーマである再生医療関連があり、また美容機器の一部も医療機器と重なる部分がある。

さて、図表1－1で示すとおり、隣の分野との境目があいまいだということがある。そのうえ、境界線上の機器群は、正確な呼び名も不明瞭になる。いくつかの例をあげると、「血圧計」「体温計」「脈拍計」などはどう考えればよいのだろう。本来、医療機器であることは明らかだが、家庭での健康チェックなどにも有用だ。とくに「脈拍計」となると、スポーツグッズとしての役目も出てきた。ごく最近の例でいうなら、心電図モニタがスマホに取り入れられ、スマートウォッチにさえ入ってきている。これらの実例からも明らかなように、各ジャンルの境界は漠としたまま、お互いに膨張しつつあるということを知っておく必要がある。

総じていうと、医療機器の世界は膨張し続け、境界線も動きつつある。それは、医療機器群が進展しつつあるからで、その意味から「医療機器の世界は常に大きく動いている」ということができる。

〝医療機器〟が生まれてたった13年!?

前項で、法律で規定する狭義の「医療機器」について触れた。法律上の「医療機器」とは、2014年施行の現在法「医薬品、医療機器等の品質、有効性及び安全性の確保等に関する法律」に定められた機器群を指す。この法律名は、最も長文ともいわれ、関係者すら覚えにくいのでは、といわれる。それゆえ、この法律は「薬機法」という略称が通用しており、正式名を使う人はほぼゼロに等しい。

ともあれ、この法律の中での医療機器の定義は、以下のとおり。

「医療機器とは、人若しくは動物の疾病の診断、治療若しくは予防に使用されること、または人若しくは動物の身体の構造若しくは機能に影響を及ぼすことが目的とされている機械器具等であって、政令で定めるものをいう」

わかりやすく、箇条書きで示すとこうなる。

①人か動物に用いられる機器
②疾病の診断・治療・予防に使用される機器
③身体の構造・機能に影響を及ぼすことが目的とされている機器

さて、法律上の「医療機器」だが、公的用語となったのは2005年の薬事法改定以来のことで、本原稿執筆時（2018年）でも、まだ13年しかたっていない。それでは、それ以前はどうなっていたのかを理解するために、法律関係の変遷を見てみよう。

図表1－2には、医療機器に関連する法規の変遷を示した。

薬事法の前身である「薬品営業並薬品取扱規則（略称：薬律）」が、初めて医薬品取扱

年代	法律名	医療機器の呼称	備考
1899年（明治22年）	薬律	―	「薬品営業並薬品取扱規則」
1943年（昭和18年）	薬事法	―	
1948年（昭和23年）	薬事法（改正）	用具	医薬品の中に「用具」として登場
1960年（昭和35年） 1983年（昭和58年）	薬事法（改正）	医療用具	名称変更、「医療用具」に 「医療用具」の一般的名称設定
2005年（平成17年）	薬事法（改正）	医療機器	名称変更、「医療機器」に
2014年（平成26年）	薬機法	医療機器	「医薬品、医療機器等の品質、有効性及び安全性の確保等に関する法律」 法律名に「医療機器」として入る

図表1-2　医療機器に関わる法規の変遷

の法律として制定されたのは、19世紀末の1899年（明治22年）。薬の製造も含めた最初の「薬事法」は、第一次世界大戦中の1943年（昭和18年）に制定された。その改訂となる1948年（昭和23年）に、初めての医療機器である「用具」という用語が薬と並んで登場、これがわが国での公式上の医療機器の誕生でもある。注射器や初期の器具が対象だったと推定される。

「用具」から「医療用具」へと名を代えたのが1960年（昭和35年）の薬事法改定だ。それ以降、45年間も医療用具という名称が使われてきた。これはこの法律制定当時、電気・機械としての器具はほとんど存在しなかったことがその理由でもあろう。その流れをもって今世紀になっても、「医療用具」が使われていたため、早く「医療機器」という名称にすべきという声が上がり、２００５年（平成17年）の改正で、ようやくその存在が認められた経緯がある。

「医療機器」という呼称が公式に認められてからまだわずか、人間の年齢でいうと13歳にしかなっていない。世間的には、産業としてまだ成長期にも至っていない〝未成年〟ということになる。

その頃から、「医療機器」と「医薬品」の本質的な違いから、「医療機器」は薬事法と別の独法が必要だという意見が続いている。その声をわずかながら斟酌してくれたと感じられるのが２０１４年の薬機法制定。法律名に初めて「医療機器」が導入されたのは、まだ記憶に新しい。

こうした経緯を俯瞰するにつけ、わが国での「医療機器」の存在は、長い間、医薬品の一部として考えられていたし、今でもその影響を引きずったままなのである。

「多品種・少量」の個性派集団への仲間入り

２０１４年の薬機法制定について、もう一つの特記すべき事項がある。それまでは、医療機器関連機器群は、すべからく「ハードウエア」のみの世界だった。ところが、この年から、「ソフトウエア」についても「プログラム医療機器」という名で医療機器の仲間入りをした。

前の図表1-1について、境界が広がりつつあるという説明をしたが、ソフトウエアについても薬機法の対象となる〝医療機器〟の仲間入りを果たしたことになる。わかりやすくいうと、スマホ内のアプリ、Windows、Macの中にあるソフトウエア単体だけでも、機器申請して認証・承認を受ければ医療機器となるのだ。

元来、医療機器産業は多品種少量生産という特性があり、専門企業がキープレイヤーとして活動してきた。現時点でも、医療機器の品目は全世界では50万種類、日本だけでもすでに30万種を超えている。推測であるが、公官庁や行政法人などでもじつは全容の把握・管理ができていないかも知れない。それはすべての医療機器の公開データが存在しないからだ。

これだけの数があると、医療機器の品種は無限といういい方もできる。だが、翻って考えると、品種という考え方を改めたほうがいいのかも知れない。ジェネリックの存在する医薬品は3万種類ほどだが、医療機器と医薬品は根本的に違うところがある。医療機器はすべてが「一品料理」であって、極端な言い方をすれば、〝二つとして同じ品種が存在しない〟、ということさえ可能である。

それゆえに医療機器の分類を試みるのはやや無理があるが、少なくとも同種類のもの、あるいは同じ類別に属すものを整理することはできる。図表1-3は、技術分野ごとに分

【ハードウエア】

・電気/電子	生体情報モニタ・心電計・AED・ペースメーカ・筋電計
・磁気	磁気刺激装置・脳磁計・MRI
・機械/力学	血圧計・人工呼吸器・義肢・輸液装置・バイブレータ・歩数計
・化学	生体電極・炭酸ガスモニタ・血液分析装置・麻酔器
・光	内視鏡・パルスオキシメータ・手術灯・コンタクトレンズ
・温熱	体温計・サーモグラフィー・ハイパーサーミア
・音声/超音波	聴診器・補聴器・超音波診断装置・超音波治療器
・X線/ガンマ線	X線診断装置・X線CT・ガンマナイフ
・原子核	質量分析装置・ポジトロン

ワイヤレステレメトリー
無線LAN

【ソフトウエア】

心電図解析装置・各種測定分析機器
電子カルテ
画像解析・診断ワークステーション

【IT/AI】

手術支援ロボット・生活支援ロボット
遠隔診断機器

図表1-3　医療機器の技術分野別の分類

類した医療機器群の中で代表的な品種を抽出したものだ。この中で、これまでの中心的な存在が【ハードウエア】として表記してある。また、新たに加わった【ソフトウエア】および【ＩｏＴ／ＡＩ】を別の分類とした。とくに、後の二つは最新技術分野といえるもので、医療機器群の拡大に関して主役的な任務を担いつつある。

　これだけ多くの機器群が存在するとなれば、単純には、新規参入するスペースを探すのが困難と感じられるかも知れない。だが、それとは逆で、これだけの広範囲な事業空間をカバーするのは困難で、じつは隙間だらけなのだ。また、新しく拡大する分野が存在することを考えれば、専門外の企業であっても、参入するスペースはたくさんあるのだ。

つまり、これからの医療・健康・福祉が求める要望に応えるためには、どこから入るのかを探すことに注力すべきであって、個々の企業や機関にとって最適な方向性を見つけることが重要となる。

規制産業としてのリスクはあるが、異業種からの支援が必須

現実問題として、医療機器産業には薬機法という独特な法規制が課せられている。じつは、それに呼応すべき専門メーカでも、その拘束力に手を焼いている状況がある。さらに、中小企業や異業種参入が重要といわれながら、同法律の参入障壁の高さから、当事者となると参入はかなり難しい、と感じている。

しかしながら、法そのものを理解して、必要なステップを踏んで行けば、自ずと道は開ける。そのうえ、この産業は医療を支え、人命のために寄与するという大きな社会貢献が可能だ。企業体として考えるなら、大きなタスクであっても、うまくいけば国民から喜ばれるメリットもでてくる。一つの企業として見ても、参入の意義は大きく、それゆえの達成感も得られるはずだ。

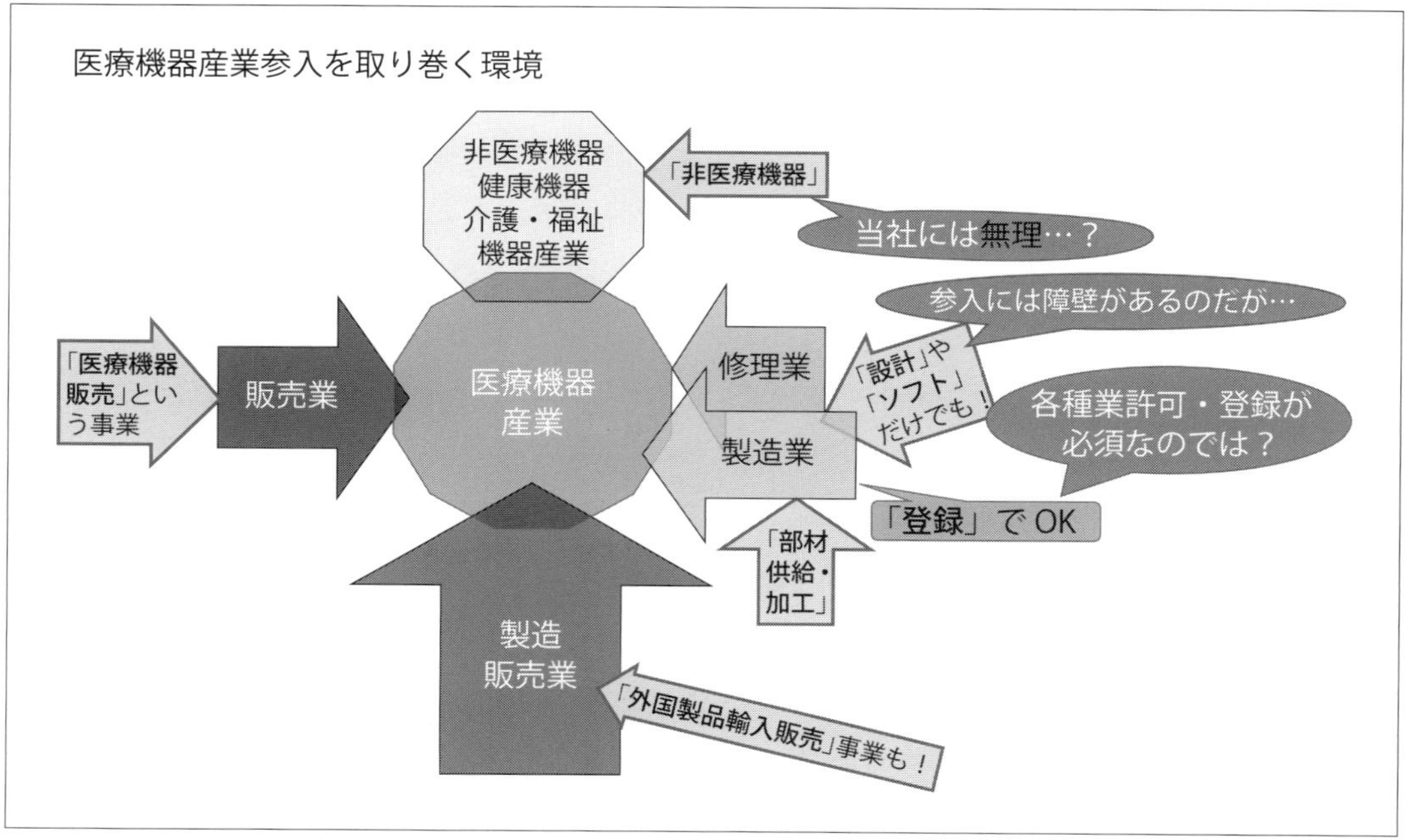

図表1-4　医療関連産業への参入

確かに薬機法は複雑怪奇だが、それを理解するところから始めるほうが理にかなっている。詳細理解は別として、大雑把な考え方を修得しておくべきだろう。そのうえで、自社に該当しそうな業態を選ぶのが順序というものだ。ただ、自社だけで、あるいは日本国内だけですべてを解決しようなどと考えないほうがいい。前項でも述べたとおり、医療機器関連産業の垣根はどんどん広がりつつある。その中から、自社相応の身の丈の分野を選択できる。

さらには、医療機器産業は、法で規制される分野だけでないことを知ることも重要だ。そこで、図表1－4には、医療機器関連産業としての参入する方策がいくつかあることを示した。医療機器関連を業として営むには、必ずしも「業許可」が必要でないケースも多々ある。ここでは、その実例としての「新規参入」の方策について示してある。

たとえば、医療機器に使用される部材や部品の供給側になることは可能だ。ただし、このケースでは、責任のある医療機器製造販売業を取得している企業の管理下で、医療機器の部品としての品質、安全性、信頼性保証など基本要件を具備することが必要となる。単なる部品や加工、またソフトウエアだけだと考えるのは早計で、そのための準備も大切である。

もちろん、ソフトもしかり。本格的な「プログラム医療機器」という呼称の法規制対象の分野が存在するが、製造業としてのソフトウエア開発・供給側になることは可能だ。

要は考え方次第なのだが、最初の段階から「医療機器本格参入」を想定すると、あれもこれもということになり、一気に専門家になるのは障壁が高すぎる。それより、自社での可能性のある製品、業態を模索して、順次、高いレベルに上げていけばよい。つまりは、「段階的参入のススメ」というのを、医療機器産業への入り口としたい。

とくに、医療機器専門企業は専門的にはすぐれていても、基礎技術や基本的開発ステップなどの基幹技術面での欠如もある。研究開発責任者がマネジメント能力に欠け、プロジェクトを推進できずにいっこうに製品化につながらない事例もある。そこで、期待がかかるのが異業種企業だ。医療機器産業にとっても、外部の「製造技術」「開発技術」「管理体制」といった基本が重要であることは言うまでもない。

そのケースで、外部に学ぶ点が大いにある。異業種に期待するのは、医療機器専門企業にない「ベーシックな企業運営施策」だ。この領域は、歴史的にも造詣の深い異業種メーカに期待したいところだ。

というのは、こうした「外の血」を入れればさらに強くなる産業であることを理解すべきだ。むしろ、参入拒否という姿勢でなく、あえて異業種・部材／加工メーカ・ソフト関連企業などを「招致」をする姿勢への方向転換が望ましい。

生産額は漸増し続けるが、しかし、、

ここで、医療機器関連事業が産業として、どれほどの規模になっているのかを見ておきたい。そこで、個人でいうなら「年収」にも相当するであろう生産額の変遷を調べてみる。

約30年前の統計結果があるので、この辺を起点として振り返っておく。当時、医療用具として取り扱われていた厚生労働省（厚生省）の統計によると、国内生産額は1兆円でそれに2000億円程度の輸出額が加わる。また、同時期の輸入額が2260億円程度あり、その頃はまだ輸出超過の状態であった。

図表1－5には、最近の医療機器の生産統計を示してあるが、これに30年前の数値を基礎的な基準値と見なして付け加えてある。

これによれば、近年の国内総生産額は2兆円に近づきつつある。30年前と比較すれば、約2倍の市場拡大である。この他には輸出額も加わるが、その額は6000億円程に過ぎない。それに比して、輸入額たるや1・5兆円にも達し、輸出額の2倍以上、全生産額の50％以上にもなる。

これだけの数字を見る限り、近年の医療機器は海外製品に頼る比率が顕著に増加しているということがわかる。

政府機関はもとより、業界団体もこの状況を痛いほどよく理解しているものの、さて、対抗策となると、なかなか難題な案件となっている。日本の医療機器業界はこのままでよいのか、大きくかつ継続的な課題となっている。

名産品の生誕地を探索すると

非常に多品種に跨る医療機器ファミリーの中でも、いくつかの特産品的な品種も存在する。図表1－6には、それらの発明・創始と主要生産地について、日本、アメリカ、ヨーロッパに分類して示してみた。主要な医療機器が、どこで開発され、どこで生産されているのか、俯瞰してもらうための試みだ。

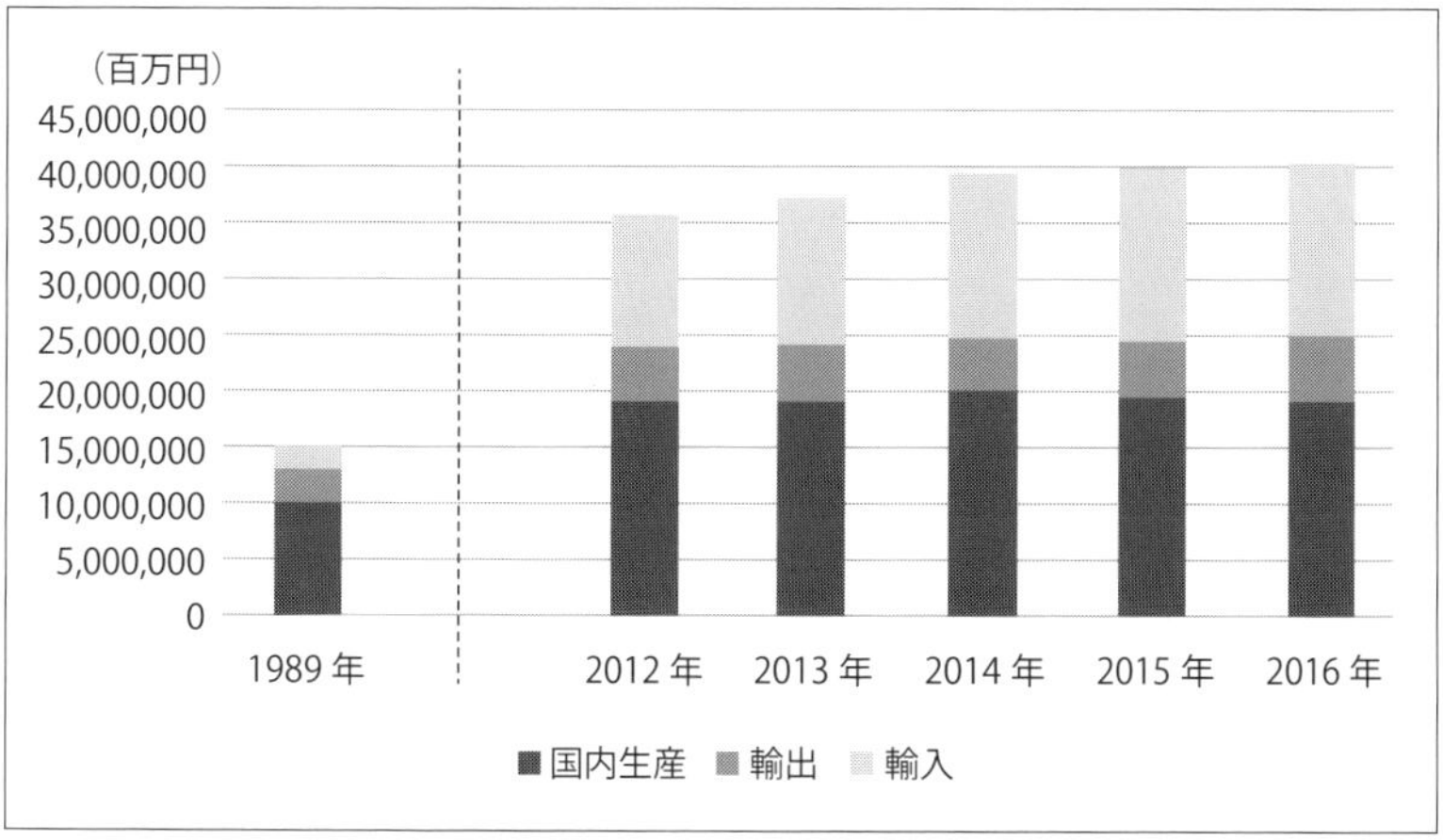

出典：厚生労働省　薬事工業生産動態統計

図表1-5　医療機器の国内生産額/輸入額の推移

製品名＼生産地	アメリカ		日　本		ヨーロッパ	
	発明	生産	発明	生産	発明	生産
体温計				◎	★	
血圧計				◎	★	
X線装置（X線CT）		○		◎	★	△
心電計(心電図モニタ/ホルタ）		◎		○	★	△
麻酔器		△		○	★	◎
人工呼吸器		○		△	★	◎
内視鏡			★	◎		
ペースメーカ	★	◎				○
生体情報モニタ		◎	★	○		△
歩数計		○	★	◎		
パルスオキシメータ		◎	★	○		△
AED	★	◎		○		
電気磁気治療器			★	◎		
超音波画像診断装置		○		◎	★	△
MRI	★	◎		○		△
人工臓器	★	◎				
手術ロボット	★	◎				

図表1-6　主要製品の発明・創始と生産地域

ごく大まかにいうなら、初期の医療機器がほとんどヨーロッパで創始されたことがわかる。しかし、近年の傾向を見る限り、アメリカがこの業界の主役になっていることも容易に理解できる。その中で、わが国の役割を見つけるには、相当難しいというしかない。とはいえ、いくつかのオリジナリティーを有する機器群が存在することも事実である。

まずは、わが国にもオリジナリティーを有する製品や、生産の分野での世界シェアを有する製品が存在することを理解することが重要である。そのうえで、将来、どうすれば、優秀、かつ画期的な商品が生み出せるか、一緒に考えて行くのが本書の一つの目的でもある。

コラム❷

心電図測定の115年－②

アイントーフェンが初めての心電図描画に成功してから115年もたった2018年9月、アップルウォッチ4に心電図機能が搭載されたというニュースが、人びとの関心の的になっている。その重量たるや、バンドを含めても70g程度にすぎない。最初の心電計との重量比でいうなら1/2500くらいになる。そのうえで、測定精度など、機能面では雲泥の差がある。しかも、心電図の表示機能やスマホなどへの通信技術も含んでいるとなると、「隔世」の進歩があることがわかる。

もちろん、この115年の間に、心電計や心電図モニタ、ホルタ心電計などなど、心電図測定に関わる医療機器が次つぎと商品化され、「心電図による心臓機能の診断」に大きな寄与をしてきた実績は、誰もが認めるところであろう。初期と現代の代表作を見比べ、その間に展開された幾多の開発物語が存在していることに改めて驚き、心電計の長い歴史を実感している。

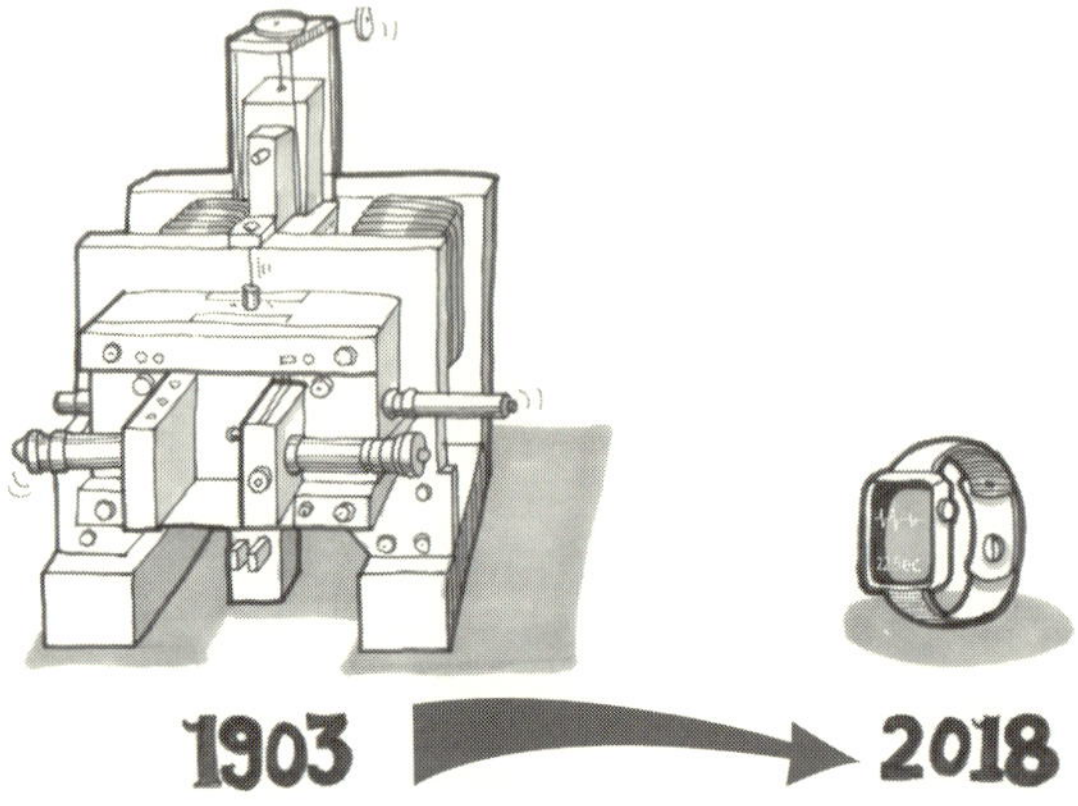

第二章

開発課題山積みの原因の追究

チャンピオンは一人でも十分

「革新的医療機器」「最先端医療機器」「イノベーティブ…」よく流用され、頻繁に耳にする業界用語である。あまりにも日常的に使われるため、こういう優れた機器が世間に溢れていると勘違いされている。じつは、そんな優れた医療機器は実在しない、というのが現実だ。これらは新聞やメディアが派手に取り上げがちであるが、その後の末路をたどると、そこそこ売れるまたは低迷していることがよくある。また、多くの大学や研究機関の研究レベルである「シーズ」だけで終わることも多々見受けられる。

政府機関、研究機関、メーカ側を問わずあらゆる場面で出てくるが、いわば「仮想現実」といったほうがいい。多種多様な医療機器製品群の中で、突然「革新的な製品」が開発される確率は極めて低い。

具体的に、どんな製品を革新的な医療機器というのかを想像してみればいい。ごく最近の事例を出すなら、だれでもがアメリカの誇る手術支援ロボット「ダ・ヴィンチ」あたりをイメージするだろう。この反応こそまっとうであり、これ以上の答えはありえない。

だが、ここに重大な問題が潜んでいる。じつは、ここを起点にして大きな飛躍を展開させてしまう。「なぜ、日本ではダ・ヴィンチが開発できないのか?」という誘導尋問へと持って行ってしまう。

まず一つだけ小さな反論を記すなら、「ダ・ヴィンチは、数十万種の中の一品種で、特殊分野の一サンプルに過ぎない」といえる。

だから、価値が半減するというわけではないことはもちろん。それこそ優等生とかチャンピオンの類に当たるものであるが、だれでもそうなれというのは明らかにいいすぎだ。

企業にとって指導的な立場を貫くべきコンサルタントさえ、このような理論を押し付ける。いうなれば、幻想を持たせて、実現不可能な理想論を繰り返す。それよりも、考えられるべき分野・方法論を実践してもらう努力をするのが筋だろう。

つまり、「日本でなぜダ・ヴィンチができないか」は空論でしかなく、それより、日本で得意な医療機器をどう作り上げるかのほうが、明らかに前向きな議論となりえる。既存の得意な技術の延長の積み重ねが、あるとき開花する場合もある。町工場での民生品から医療機器分野に一歩踏み出せば、そこで出会う人物や慣習、考え方の違いに気が付き、医療機器を創る脳が培われる。その時点で来た道（たとえば民生品）を振り返ってみると、じつに多くの医療機器に応用できることに気がつくはずだ。その積み重ねから生まれたアイディアこそが最新の医療機器を産出する源泉なのである。

ロボットやAIが開発の前提というのは不自然

「革新的医療機器」イコール「ダ・ヴィンチ」の話が出たところで、もう一つの基本的な誤解を指摘しておきたい。それは、「革新的」でなければ真の医療機器にならないという幻想だ。

開発すべき医療機器は、確かに新しさやイノベーティブであるべきだが、それと同次元で「実用性に富み」かつ「医療に役立つ」製品でないと話にならない。

具体例で示してみたい。

今やロボットやAIの応用製品がいかなる分野でも利用され始めた。その根本には、「精密機器」「高性能機器」というイメージの医療機器もこの範疇に入るという考え方がある。事実、多くの医療機器のロボット化やAI化が研究されている。ところが、研究としてのテーマと実用化への道程がダイレクトには結び付かない現実がある。

その原因はいうまでもないことだが、理想と現実のギャップが大きすぎることにある。というのは、「人体」と直接向き合う必要のある「ロボットやAI」が、相互に融合しあうのは至難の業なのだ。この厳然たる事実を、あたかも完全無視するかのごとく、強引に結びつけようという目論見にそもそも無理がある。

ここで一つの例をあげてみる。現実を見るとこれほど進展した現代の音声認識技術を駆使しても、リアルタイムの翻訳にはまだまだ難がある。これは海外とのビデオ会議において、最新スマホのアプリを起動して音声翻訳を実践してみれば、ほぼ役に立たないことを実感できる。それほど現実と理想にはまだ乖離があるのだ。決まった単語、既知の単語を連ねただけの文章でなぜこのようなことが起きるのか。そこには発音の個体差、正しい文章からそれた構文、単語への含み、間違えなどなど、さまざまなイレギュラリティーが存在するからである。後述するが、実際には〝人体〟というものはさらに複雑な個体差があり、それらの情報を得て機器が動くには、情報の補完や修正に関してまだまだ時間がかかるのだ。とはいえ、この補完作業が最も重要であることも付け加えておく。

ロボットが医療機器に当てはまらない理由

わが国においても、ロボットやＡＩを医療に応用しようとの試みは、急ピッチで進んでいる。

まずは、前者についての現況について見ておこう。

ロボットと医療という結びつきで、関係の一番深い分野は生活支援ロボットというテーマだろう。

通常、どのような商品の開発であろうと、多くの場合、「ニーズ」があって初めて実現する。ところが、医療機器のロボット応用に関しては、先に「ロボット技術」が存在し、その医療機器への応用は何かという、逆順を踏んでいるのが実情だ。

ロボットという「近代的な技術を使えば、イノベーティブな医療機器ができ上る」という漠然たる幻想が先になってしまっている。つまり「ロボットという最新技術で解決しよう」という、いうならば結論を先に決めつけてしまっている。その根底には、「ロボットは万能」、あるいは「最新技術」という誤った見解があり、多くの研究者たちの「勘違い」を誘発する。

とくに、ロボットを研究している機関に所属している研究者・開発者は、医療機器の創始の段階で、すでに思考の偏位がある。新しい商品開発という目的に対して、スタート時点で理想の仮完成形を想定してしまうからだ。

一つだけ、その思考の不適格性について、基本的な理由を書いておく。

ロボットは、設定されたプログラムにより同一の動作を繰り返すことに特徴を有する。とくに、人間の不得意あるいは不可能な動作さえ可能にする特長さえもち合わせる。しかし、対象となる人体の治療や診断となると、決定的に機械と異なる部分がある。それは、対象となる人体あるいは生体というものが、一つとして同じものがないという点だ。生体は個性が強い特性をもち、個人個人で違いがある。つまり、同じことをすることが得意なロボットを、画一性に乏しい人体に対応させるのは難儀なのである。

わが国のロボット研究は、多岐多様な方面に展開されていることも事実だ。だが、こと医療機器について、せめて実用機種くらいは出現しそう、との期待はあるものの、もともと、相性が悪い機器と対象を直結してしまうと、計り知れないほどの無駄使いを生むだけだろう。現実的に聞こえてくるのは、「ダ・ヴィンチの対抗品を開発中だが、販売は延期になる、、」というような声ばかりだ。

支援事業に見る日本の医療機器産業への期待と課題

次に、別の面からの課題について考えてみよう。

産学官、すべての関係者が願うのは医療機器産業の発展と医療への貢献だろう。そのための施策に関し、公官庁が繰り出す医療機器産業支援策に対して、業界からは「今は追い風」という声が聞こえて久しい。

まずは、この「追い風」を利して浮上しているのかどうか、実例をもとに検証してみたい。一例として出すとすると、2010（平成22）年度の補正予算からはじまった「医工連携事業化推進事業」という国の開発支援制度がある。開始当初からの実績や成果となると、もちろん十分なものと評価してよいだろう。事実、始まった当初は数百件の応募があり、対象となる中小企業が「医療機器産業」という新規業務に興味を持ちだした意義は大きい。

応募数に比してみれば、採択数の少なさはやむを得ないが、応募を試みた「ものづくり企業」が「医療機器に目覚めた」起爆剤となった事実は、この事業の成果といえる。

その面からいうなら、もちろん「大きな成果」があったといえるわけだが、その成果の具体例は終章に記すことにして、ここではむしろ課題として残ったところをクローズアップしておきたい。

一例としての〝数字〟を出すのがわかり易いかも知れない。

現時点での採択案件総数は約170件程度で、支援総額は300億円弱程度と推定される。ところが、2017年度末での製品化は70品目程度、事業化案件の総売り上げが50億円に満たない。医療機器産業振興を旗印としての国家プロジェクトでありながら、事業化から見た成果には、目標からほど遠い実情を露呈している。

たぶん、普通の経営者なら、自社事業として「即、生産中止」か「抜本的な見直し」を覚悟するだろう。貴重な支援資金源に対して、売り上げがその六分の一程度では、商売になるはずがないからだ。

この極端な一例だけで、成果より課題が多いと断定するのも酷だと思うが、一事が万事ということもある。

じつは、ことの本質は主管庁でも理解しており、数年前から手は打たれている。本制度が開始された当初は、医療機器の製造販売業を有してない企業でも、案件が採択されれば、事業遂行が可能な状況にあった。これに気づいた官庁側が、少なくとも「医療機器製造販売業」を有している企業が中心になるべきとの方針を打ち出し、ここ数年はその方針どおりに遂行している。

しかしながら、「事業化にいたる案件」の少なさは、今もって目を覆うばかり。実際、筆者も当初からこのプロジェクトの協力者の一人として、サポートに関わってきたし、基本的課題はいくつかの場面で指摘してきた。だが、この憂慮すべき状況は、現時点でも改善への道がみられない。

もう一つの問題は、採択された企業側の「甘え」がみられることだろう。企業内あるいはコンソーシアム内で「採算に合うかどうか」がわからないテーマについて「応募してみて、通ったら製品化しよう」という機運がある。たとえうまく行かなくても、お金だけはもらえるし、失敗しようと何のお咎めもない。会社員が「会社の金だから少々無駄遣いしても…」という気持ちに似ているのだ。

企業側としても、模範となるべき優等テーマとしての機会を与えられているわけなので、それに見合うだけの「結果」を出す責任も伴うだろう。特典だけ受け取って、何の成果をも償還できなければ、支援される価値さえない。公的制度を利用するにも、そこには国税が投入され、いずれは自身に降りかかることを忘れてはいけない。

「万年開発ラグシンドローム」

「医工連携事業化推進事業」に関して、もう一つ別の課題を指摘しておかなければならない。採択時の予定が遅れる案件が多発していることだ。

この事業では、3年計画のテーマが標準となっており、それ以下の2年間のものも存在する。一番多い3年計画のテーマで頻発している望ましくない例を示しておく。

一般的には、2年目までは「やや遅れはあるが、目標の射程内にある」という報告が大半を占める。しかし、2年目の終盤に実施される継続審査なるものを通過した途端に、一気にトーンダウンし、「○○という課題がクリアできそうにない」という報告になる。その果てに、最悪のケースでは「目標の10％にも到達できない」という事例さえ発生する始末なのだ。

そういう最悪のケースを除いても、目標値、計画値に対して、先行する例は一つもない。現実を記すなら、すべてのテーマで「開発遅れ」が発生する。あたかも、計画より前にできあがってしまうのは「罪悪」でもあるような進行ぶりだ。

一体、計画日程という条項をどう埋め合わせているのか。この重要項目を、まったくないがしろにしているというい方さえできる。まさか、「採択されるための、理想目標」を提出したまで…という理解ではあるまいが。

じつは、これが日本の医療機器開発に関しての象徴的なサンプルなのだ。何も、支援事業についてだけの話ではない。すべてとは言わないが、各種企業が抱える一番の課題がここにある。

「何でこんなに遅いのか」、とさえ思う。この支援事業を例に出すまでもなく、日常的な事業で、「恒常的な開発ディレイ」がまかり通っている。

一言で言ってしまえば、「仕事が遅い」ということしか表現できないが、その要素たるやあらゆる場面での「遅さ」が気になる。この由々しき問題の解決策は、後に回すことにするが、まずは、気になる項目だけでも列挙しておきたい。

・研究・開発計画、商品化・事業計画、販売事業、産業の活性化事業などの決断
・公共事業、薬機法の申請・承認・認可事業など
・あらゆる事業計画の遅延があり、前倒し計画などはほぼゼロ

開発計画の設定は、開発者自身が

もっと具体的な開発ラグ・商品化ディレイの実例を示すことにしよう。

その好例が、「医療機器を商品化・実用化するのが遅い」ということだ。これは、「機器開発の期間が長すぎる」というフレーズに置き換えることもできる。それに、経営判断の遅さも加わる。ターゲットが絞れないし、第三者的な評価基準も持ち合わせていない。

端的な表現をするなら、「仕事の遂行が遅い」に尽きる。

医療機器開発コンサルタントの立場から発言するなら、大企業であろうと中小企業であろうと、頻繁に受ける質問がある。それは、自身目指すテーマについて、「このテーマの商品が完成したら売れるでしょうか」という質問だ。

裏を返すと、開発テーマに関して何の準備もないまま、スタートしてしまっていると受け止められる。とりわけ、経営のトップからこのような「質の低い」質問、というより懸念・心配というべき無責任な発言があると、一体何を考えているのかという不信感さえ抱く。

じつは、こういう「他人ごと」のような計画設定に大きな問題が存在する。いうならば、全く逆な考え方が必要なためだ。

本来、機器開発とは、本質的に未知の要素が多分に存在する。良くても半分くらいは、未確定要素が含まれている。したがって、開発のスタート段階、あるいは道半ばで、「売れるかどうか」を人任せにすること自体、ことの本質を見失っていることになる。

一番大切なのは、開発計画・商品化計画であって、この段階で「売れるようにするべき」商品の目標値を決める必要がある。それゆえに、商品の開発中に発せられる「愚問」には辟易することがある。そうでなく、自らが「売れるような商品を仕立て上げる」方策を考え続けることが必須であり、それを除いてしまったら「事業を続ける」意味もなくなってしまう。

人工的で目に見えるものすべては、誰かのアイディアにより生み出されたものである。誰かが考えた販売・流通経路をたどり、その結果、金銭が支払われて眼の前にあるのだ。広告宣伝、販売戦略、創意工夫が製品に組み合わされた結果、その労働と苦慮の対価として「売れる」ものができるのである。既に売れている製品の大きな川の流れに乗るのも一つだが、自分で大きな川の流れを作ることも考えるべきなのだ。

日本国内において、また、海外企業との協調・競合を半世紀以上にわたって経験した開発の当事者として、また、第三者として見てきた経過を通して、そのことがずっと気になっている。

大切なのは、事業をいかに早く達成するかを考えるべきであって、開発途中で「あれこれと戸惑っている」ようでは話にならない。このことが、開発遅延に拍車をかける悪循環に陥る。

遅さが次の段階での進展を抑え、さらなるスピード不足を誘発

このジレンマに陥らないようにするのが、中間段階でのチェック機能だろう。それも最初の段階から、期間を限定して評価する制度を持つべきだ。大切なことは、この評価は厳密・冷酷なまでに第三者的な適正・公平なものにする。一切の温情的な判断は許されるものでない。

この評価は、最初から厳正に決めておく必要があり、とくに時期的な目標から遅延させることは厳禁だ。その時点で、万が一目標レベルから大きく外れようものなら、テーマ自体の見直しをかける必要がある。もし、この評価が甘くなり、たとえば、期間延長などに踏み切ってしまうと、取り返しのつかない泥沼にはまり込む危険性が大となる。

ときには、プロジェクトの中止や、責任者の交代といった手を打つべきで、この判定が甘くなると、コントロール不能な状態に陥る羽目になる。

じつは、前述の支援事業における実態で示したように、公的な事業のケースほど、この評価が甘くなる傾向が高い。繰り返して強調するが「目標が達成できなくても、なんのお咎めも受けない」ことがその理由だ。

しかし、個別企業が進める開発事業などは、そんな中途半端なことでは許されない。な

ぜなら、中小企業や個人企業となると、プロジェクトの成否が会社の存続に直結するような状況を来し、万が一にも「プロジェクトの無期延期」というような措置は決して許されないからである。

こうした好まれざる事態が主たる企業や国家機関の〝常態〟なのだが、その根本的な原因はどこにあるのかを追及する必要がある。

まずは、一つだけ、その元凶となる原因を指摘しておこう。それは、誤った「技術志向」にある。ここでいう技術は、必ずしも工学的な技術だけでなく、広義の「専門的な作業」をいう。その好例となる具体事象を、つぎに紹介したい。

「ひと」と「もの」だけでなく「とき」の重要性

日常的に経験する開発案件で、例外的でなく発生する「技術者志向」の悪癖がある。ずばり言ってしまえば、「技術的精度を向上させれば、優れた商品ができあがる」という妄想だ。その悪癖は、とくにエンジニアと称される多くの研究者たちにも当てはまる。

筆者の専門領域に関して説明するとこうなる。生体情報モニタの世界では、新しいパラメータ（測定項目）に関して、専門メーカもベンチャーも、各種の開発・研究でしのぎを削っている状況が続いている。

その範疇でいえば、もっと簡単に血圧が測定できないかというのが共通テーマ。だが、なかなか商品化のめどが立たない。

その理由は、「エンジニア的なものの判断」が災いしている。つまり、自身の開発レベルが商品になるまでに至っていない、とエンジニア自身が勝手に判断してしまう。

ところが「新商品」というのは、はじめから完璧なものが突如として出てくるわけではない。だから、はじめから「精度に問題がありそう」と自分で決めつけてしまって、いつになっても「製品に仕立て上げる努力」をすることさえしない。その結末、「精度が上がるまで開発を続けよう」という自己救済策に逃げてしまう。

こうした、甘さこそが、良くいえば「技術屋根性」ともいうべきなのかもしれないが、実質的には「自己逃避」の何ものでもない。よって、いつまでたっても商品化という本来の目的は、はるかかなたにあるだけで、「現在の努力」だけを自分の手柄にしてしまう。

だが、考えてみてほしい。本当の商品とは、一発でできあがるようなものでない。最初はたとえ測定精度が理想的な目的値に達していなくても、一度、試作して世に出してみるのも一方法なのだ。得られた測定精度の範囲で、「役に立つ商品」にする方法論を考えなおすことも重要だ。

というより、こういうステップを何回か試行して場数を踏まない限り、新商品への短絡ルートなどありえない。それが言いすぎなら、「最短ルートとなりうる確率は極めて低い」

と言い換えてもよい。

それでも、製品試作や商品試作さえできないなら、その時点で断念すべきだ。とくに、大企業や専門企業など、また、大きなプロジェクトほどこの傾向が強い。なぜなら、事業化の遅延に陥っても、担当者個人の不利益に繋がらないからだ。万が一、開発日程が遅れても、給料が減るような直接的な不利益がない。さらには、企業全体からすれば、他部門での日常的な利益が出ていれば、最悪のケースでも倒産に結び付くような危険性も薄れる。

「技術屋根性」は、決して悪いばかりでない。だが、商品企画・開発段階における「判断基準」に関していうなら、「品質や技術」でない要素も均等に取り入れるべきなのだ。たとえば、「日程」「価格要素」「ユーザビリティー」「他社動向」というようなことを…「ものづくり」「人づくり」は、よく聞くことばである。だが、「ときをつくる」すなわち、個々の当事者が自分で実践すべき「とき」を創り上げる工夫が最も重要だということを強調しておきたい。

具体策は、次章以下に譲るとして、基本的に重要な要素のみを記しておこう。

「ひと」：人的組織、資格、適性、やる気、積極性、生産性志向

「もの」：仕様策定、達成技術、商品品質、価格目標、競合製品との比較

「とき」：時間と時機（Time and Timing）、計画日程、順序、開発期間、商品化時期

コラム❸

日本のICU発祥の地

日本で初めてICU（Intensive Care Unit）が設置されたのは、東北大学医学部付属病院で1967年のことだ。当時、開設の責任者として文部省との折衝に当たったのが、麻酔科教授の岩月賢一先生だ。その著書『わが遍歴』によれば、1967年に開設されたICUの名称は「集中治療室」という名称で許可が下りた、とある。当時大学本部や文部省からは、ICUという英語の略号では困るということで、いろいろと考えあぐねた末に「集中治療部」という名称を創出したという。そこから「集中治療室」となり、『広辞苑』や『新英和大辞典』に取り入れられ、世間にも認知されるようになった。

ちょうど、その導入期に日本光電工業（株）に、8人用の重症患者臨視装置の注文が入った。筆者もその当時の新しいモニタの導入にかかわった一人として、当時の先駆的発想を懐かしく思い出すことができる。

写真は東北大学のICUに納入された当時の最新式のモニタのカタログで、ベッドサイドモニタおよびセントラスモニタから構成されている。日本で初めてのICUということを考えると、「セントラルモニタ」のほうは、日本初という考え方、あるいは、もしかして世界初の装置だったかも知れない。

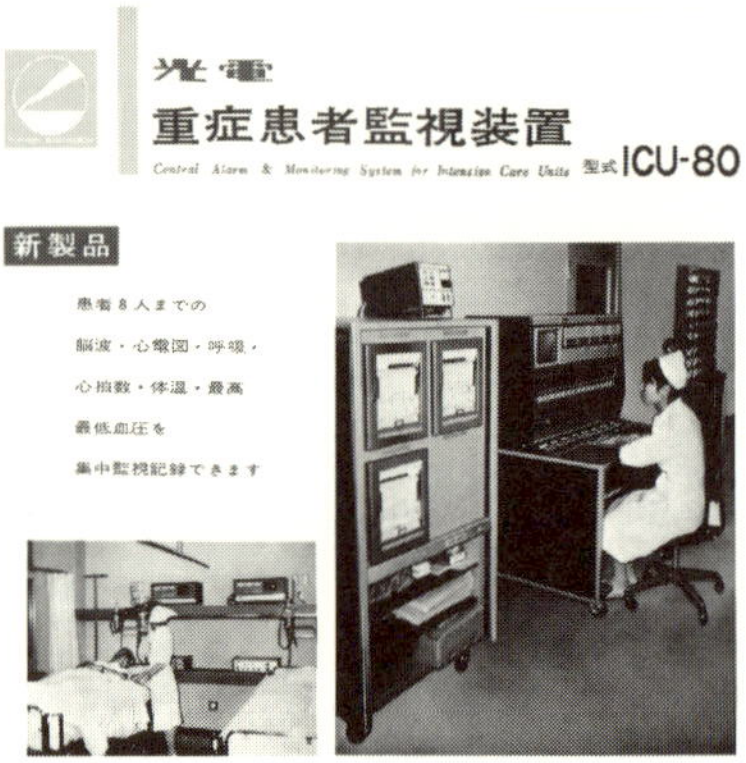

提供：日本工電工業

第三章

ゼロから出発するヘルスケア機器開発

―段階的参入のススメ

医療機器開発への出発点

医療機器開発の開発計画を立てる際、その起点あるいはきっかけを何にするかというのは、すべてのメーカにとって最も重要なテーマ設定となる。この判断を間違うと、思わぬ方向へ舵を切ることになり、着地点を見出せないまま、最悪のケースでは企業としての終焉を迎えなければならない羽目にもなる。

医療機器の多様性に関し、すべてが「一品料理」と表現したが、その広がりについては現在進行形の状況にある。あらゆる可能性があり、どの分野からでも入る余地が残されている。とはいえ、どこからでも入れるというわけではない。もちろん、入ること自体は可能だが、行き先の見えない航海に出るのは無謀というものでしかない。

一方で、医療側の要求は常にあり、それにこたえるのがメーカ側の使命だ。しかし、その要求だけを鵜呑みにしたうえで、「一品料理」として特化してしまうと、たった一人のユーザの要求に応えるだけの結果にもなりかねない。これでは、〝商売〟としては成り立たないことは、火を見るより明らかだ。

一体、どうすれば、適切なテーマが選べるのか。まずは、具体例としての参入サンプルを提示することから始めてみる。

マイクロストーン社の参入戦略から

マイクロストーン株式会社は、長野県佐久市に拠点を持つベンチャー企業の典型例といっていいだろう。代表取締役の白鳥典彦社長は、脱サラで自宅を作業場として出発した「スタートアップ」の模範でもある。

白鳥社長が始めた小型センサー開発の象徴として、「マイクロストーン」という社名がその方向性を明確に示している。新規参入にとって、いかなる技術を核にするかというテーマ設定は、企業の指針を表すもので、そこにこそ重点があることはいうまでもない。

一言でいうなら、現代社会での健康機器の代表である「歩数計」をただの「歩数の計測」から、「歩き方」のアドバイスができる高機能化・有用化に変化させたところに意義がある。

図表3－1は同社の参入の過程と方向性を示したもので、スタートアップとしての事業化計画を表現したものだ。

この中で、特長というべき要素を上げてみると次のようになる。

①環境変化とそのニーズに対応

②自社開発技術による他社製品との差別化

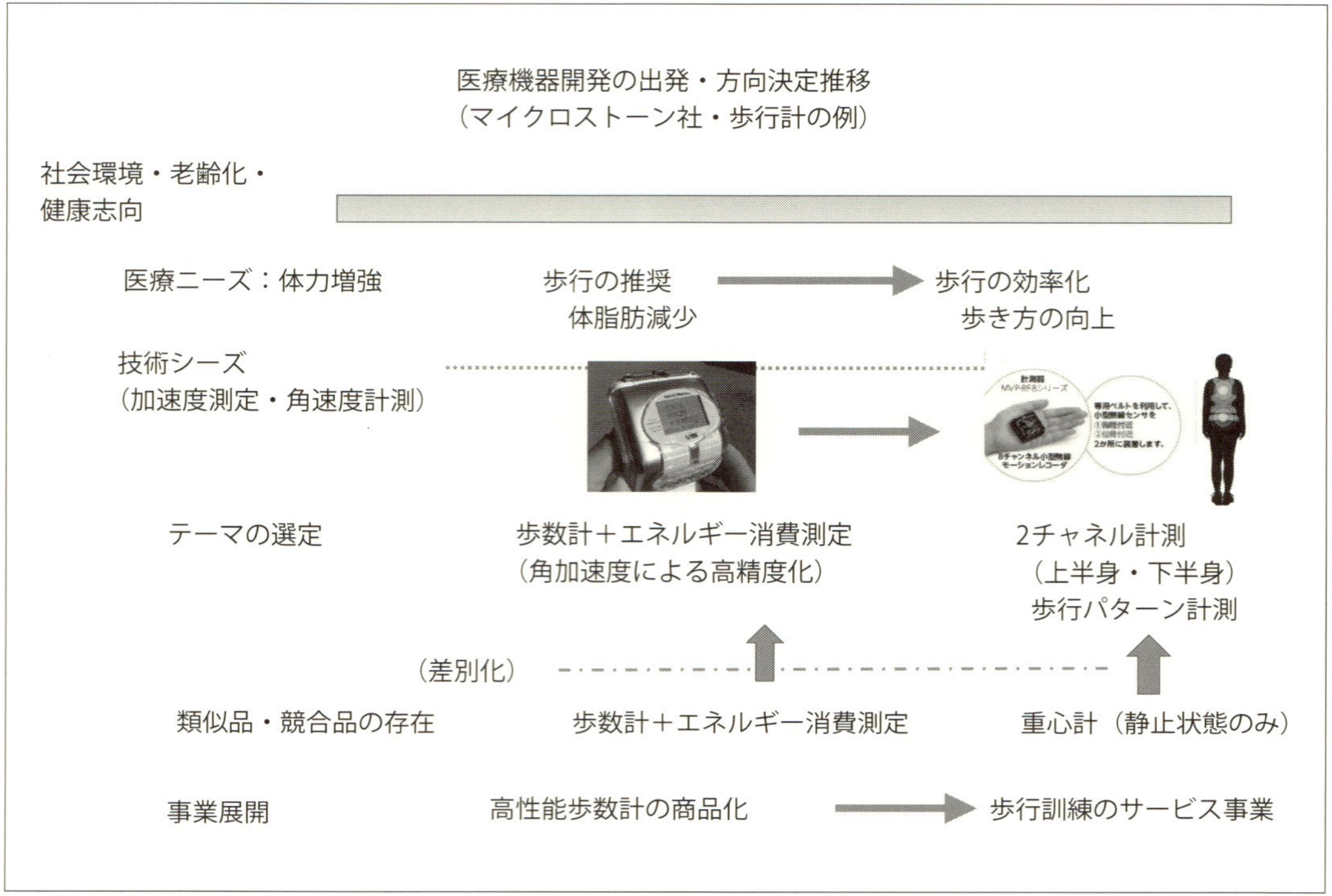

図表3-1　歩行計（マイクロストーン社）のビジネスプラン

③ニーズとシーズの両立・協調
④製品化に伴う新事業化への模索

これらの要素が間断なく組み合わされた上で、相互の協調を促進している点に注目点がありそうだ。

スタートアップの要件とは

マイクロストーンの歩行計の中で、注目に値する要素は複数ある。その中で、スタートアップとしての要件について、肝要な事項を取り上げておく。

医療機器産業はまだ発展途上という見方が可能であり、参入可能な広大なスペースがあることはすでに記した。ただし、何もかも可能だといっても、どんなテーマを選定するのが最適かを判断することが重要となる。

そのうえで、とくに新規参入となれば、「段階的参入のススメ」が必須だということも記した。

医療機器産業にとっての段階的な参入にはいくつかの意味がある。

一つは、リスクの低い機器から高いリスクの機器へという分類法がある。このときの視点から考えれば、「健康機器」や「介護機器」から始めて、徐々に「医療機器」へ上り詰める方法である。

もう一つは、一つの商品から入って、多品種化やシステム化を狙う方法だ。この場合は、単なる設計から生産・販売へ、さらには総合事業化へと拡張する方式である。

前記、マイクロストーン社のビジネスモデルは、この両者の「法則」にも当てはまっており、いわば理想的な参入ということさえできる。つまり、スタートアップが備えているべき要件を満たしているという見方も可能だ。

こうした事例を参考にしつつ、現場のニーズや危機管理などからニッチな分野を狙う方法もある。

歩数計の進歩に学ぶ事業化への道

そもそも、「歩数計」は、山佐時計計器株式会社の創業者・加藤二郎氏が1965年に創始したもの。いまなお、一般的に使用されている〝万歩計〟というネーミングは、同社の登録商標である。当時、東京クリニック・大矢巌院長がウォーキングによる健康法の推進活動を行っており、歩数計の誕生を熱望していた。

「一日一万歩」という大矢院長のモットーに共感した加藤氏が歩数計の開発に着手し、「万歩メーター」という名の製品を誕生させた。これは上下に揺れる振動を時計型のメモリ数値に刻む機械式の健康器具。外円と内円の目盛からなり、外円最小目盛は10歩で1周すると１００歩。内円最小目盛が１００歩で1周すると1万歩の表示となり、時計のような機械式のアナログ表示をしていた。

その展開から、昨今の健康ブームと技術革新の波に乗り、「歩数計」という名のブランド商品となっていることは周知の事実。

この経過を理解しつつ、常識的なベンチャー企業ならこの分野への参画を計画することはないだろう。普及という面からすれば飽和状態の歩数計市場に、新たに加わること自体が無謀と考えるのが常識である。

だが、こうした飽和市場と思われているところにも、新しいスペースがあることをマイクロストーン社の白鳥社長は確信していた。商品の拡張性、高機能化、新市場の創出という面で再考すべき市場価値が生まれうることを。

たとえていうなら、新製品というものは、決して新しく開拓すべき未開市場に存在するわけではない。むしろ、既存市場の再構築にこそ、うま味のある隠れたスペースが存在することもある。

ニーズはどこにあるのか、現製品はそのニーズに満足な答えを出しているのか、そうした地道な市場観察が新しい商品を生む土壌になることを教えてくれる。

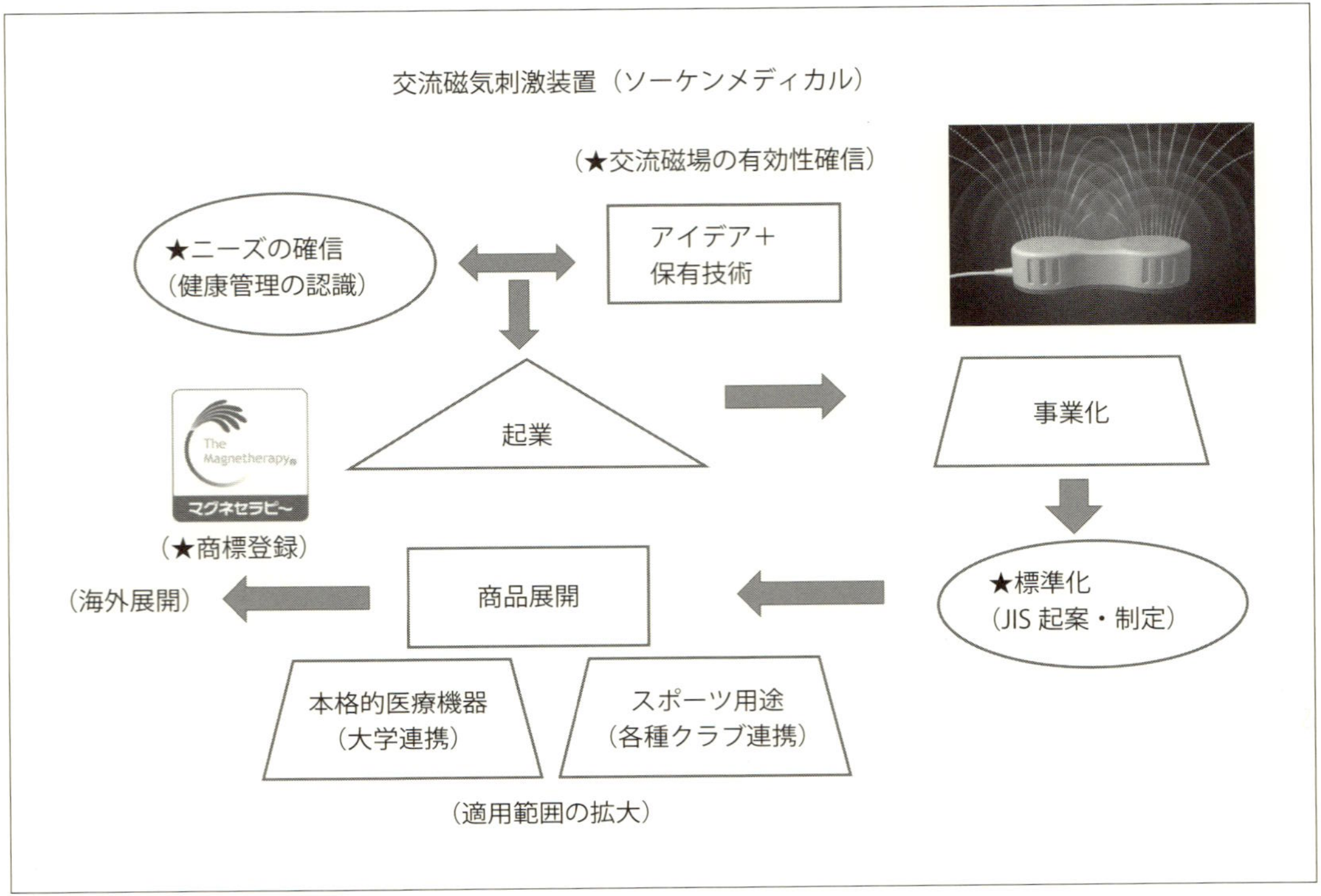

図表3-2　電気磁気治療器（ソーケンメディカル社）のビジネスプラン

ヘルスケア機器の開発促進と普及

もう一例、新規参入にとって健康機器からのステップが有利であるというケーススタディを示す。

図表3－2は、ソーケンメディカルにおける電気磁気治療器の開発の経過を表している。

同社創業者で前社長の石渡弘三氏は、エンジニアとしての経験から自身の疾病や家族の健康管理について思慮していた。石渡氏の仮説は、人間の体は「血行を良くすれば、疾患の箇所が修復される」という確信から出ている。人は痛みを感じた際に、本能的に痛いところを手で撫でている、という観察が発端だった。それが「電気磁気治療器」の着想に繋がった。人体に磁気を当てれば、血行が良くなり、それが疾病の治癒に繋がるという理屈だ。

電気技術者としての経験をビジネスに活かせないかを考えた末、昭和53年に創建を創立し、血行障害や血液の循環の悪さに由来する病気を治療するための医療機器を世に出すことになった。設立のポイントとなった「ニーズの確信」がこのプロジェクトの発端であり、いわば新しい治療法である「電気磁気治療法」を生んだきっかけだ。この発想こそが、革新的な医療機器への出発点として、注目に値する。

革新的という用語を使ったことには、意味がある。磁気が人体に有効だというのは昔からわかっていた。とはいえ、その磁気は定常磁場を提供するもので、直流磁気とも表現されるものだった。石渡理論はこの直流磁場に対して、交流磁場といわれる環境を作りだすことだった。これが直流磁気より効果的だということを突き止めて、製品化に踏み切ったのだ。

まさに経験則から発せられた「創作的な医療機器」ともいえるが、こういう革新性がある機器に対して法規制は、なかなかすんなりといかない問題がある。当時の薬事法も「新方式」や「新商品」に関しバリアが格段に高くなる特徴があった。具体的にいうなら、直流磁気については承認していても、交流磁気については「臨床治験」などの要求自体が厳しかったようだ。

もちろん、交流磁気の有効性が直流磁気のそれを上回るデータが得られて、薬事法は突破できたが、次の課題は、標準化へと移行する。交流磁気治療器には、標準規格など存在していなかったからだ。創作から始まる機器となれば、自分で「標準化」までこぎ着ける必要性も出てくる。

石渡氏の偉大さは、効果・効能を備えた医療機器の発明にあることは事実だが、それ以上に社会的な責任と義務まで完遂させたことだ。自身が中心となり、交流磁気治療器のJ

ＩＳ規格の制定にまでこぎ着けた。

現在の薬機法に定める「家庭用電気磁気治療器」は、効能効果として「装着部位のこり及び血行の改善、一般家庭で使用すること」と定義されている。身体に影響を及ぼす効能効果が医学的に認められている標準的な医療機器で、利用価値の高い製品としても知られる。ソーケンメディカル製の磁気治療器の総販売台数が40万台を超える数字となっていることこそ、自社繁栄にとどまらず、社会貢献ともなっていることへの証左といえるだろう。

前社長石渡弘三氏の遺志を継いで、現社長の石渡弘美氏はこの分野でのさらなる社会貢献や世界市場への展開を画策している。また、「家庭用」にとどまらず、真の医療機器分野への応用や、スポーツ科学への適用など、多角化への構想を展開中である。

事業化への取り組みの中で注目されるのが、「医療機器としての標準化」を念頭におきつつ、その機器による療法に関しての独自商標「マグネセラピー（Magnetherapy）」の登録実績がある。こうした独自性が機器そのものへのユーザの「信頼度」を高めることは言うまでもない。言われてみればなるほどとなるものの、商品展開における基本的なツールなのかもしれない。

とくに、スポーツ医学への事業戦略として、サッカー選手への筋肉管理などを中心テーマにした取り組みも見逃せない。国内では浦和レッズ、海外ではドイツやスペインといった著名なクラブとの連携・共同研究なども注目される。こうした「事業拡大」のためのストラテジーは、「商品開発」の一部というより、「商品開発の最重要部分」と考えるべきもので、本来なら大手専門メーカがとるべき基本手法であろう。

こうした総合的な製品戦略を試みている状況からすれば、交流磁気治療器の事業はさらなる新分野へ、また全世界への展開も開けてくるだろう。

まずは、クラスの低いところから

つぎに、段階的参入の一例として、医療機器でもクラスの低い（クラスⅠ）機器についての取り組みを紹介しよう。図表3-3は、心電図用使い捨て電極に関わるアイ・メデックス社の事業展開に関して示してある。

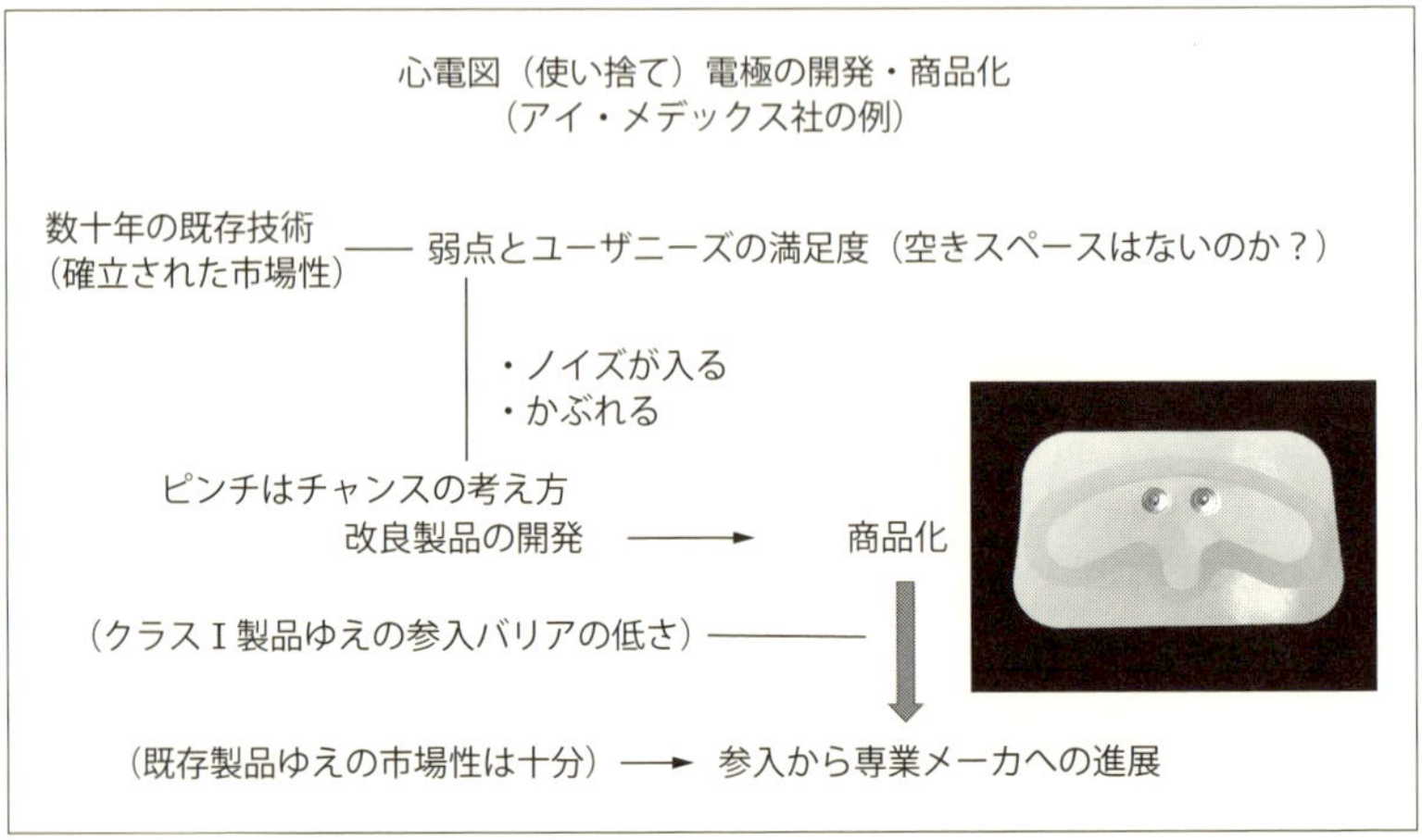
心電図（使い捨て）電極の開発・商品化
（アイ・メデックス社の例）
数十年の既存技術
（確立された市場性）
弱点とユーザニーズの満足度（空きスペースはないのか？）
・ノイズが入る
・かぶれる
ピンチはチャンスの考え方
改良製品の開発
商品化
（クラスⅠ製品ゆえの参入バリアの低さ）
（既存製品ゆえの市場性は十分）
参入から専業メーカへの進展

図表3-3　使い捨て電極（アイ・メデックス社）のビジネスプラン

心電計に使われている心電図電極は、初期には複数回使用のもののみ存在していたが、ワイヤレス方式の心電図モニタが出始めたころから、使い捨て電極へと移行していった。時期的には1970年代の中ごろからなので、歴史的には40年以上のロングセラーを継続している計算になる。この間、生体情報モニタの専門メーカをはじめとして、各種の製品が展開されてきた経緯を辿る。

製品自体の特性としては、アレルギーがないことや生物学的安全性を担保されていることをベースとし、

①心電図などを忠実に検出できること、
②人体の動きなどによるノイズの混入が少ないこと、
③貼りやすいと同時にはがれやすいこと

などが求められる。

①の対策としては、電極素材について、導電性の良好なものや分極電圧が小さいもの等が求められ、長期間にわたって専門メーカで研究されつくしたと考えてよい。とはいえ、完全製品としての仕上がりかという議論になると、さらに未知の分野が存在する可能性もある。

②と③の領域になると、これまではあまり研究されていない領域に属する。いわば、隙間の領域であり、なかなか大手企業が手の出しにくいテーマということになる。だが、現

場の声を聴くなら、こうした隠れたスペースに入り込む余地が十分にある、といえるかも知れない。

もともと、アイ・メデックス社は現会長と、現社長との共同経営のもとに、このテーマに挑戦し続けた企業だ。その動機の根底には、40年以上にもわたって使用し続けられているいわば「安定市場」を確保している製品である、という持続的なユーザの存在があった。

こうした状況下で、同社が企画した2大テーマが②および③の解決策だった。この2つを解決すれば、市場がついてくるという目論見はオーソドックスとはいえるが、一方で「誰もが狙っているので自分ではやらない」という悲観論もある。言ってみれば「独自性が出にくい」わけだが、「ひと工夫すれば、よいものができる」という期待感もある。さらには、まったくの画期的な製品とはいえないが、「困っている問題点」への解決策が提供できるという隠れた強みさえある。

そこで、同社の第一作は電極そのものを覆う導体を張り巡らせたもので、交流電源からの誘導雑音を減らすための工夫だった。誘導ノイズを受けない電極自体の電位だけが心電図送信機などにそのまま伝達されるために、信号対雑音比が抑えられた製品になった。

引き続いて、第二作は長時間の装着でもかぶれの少ない電極を目指したもので、たとえば、ホルタ心電図レコーダ用途を狙ったものだった。近年、ビッグデータ用として長時間のデータ収集に向けて作られたもので、これには同社のアイデアが組み込まれた「新素材」が使われている。

事業化目的を第一に優先する際、新規事業での参入となるのが一般的だが、規制に左右されない健康機器や介護用機器、あるいは医療機器の周辺機器から入るのがお勧めだ。たとえ、医療機器だとしてもクラスⅠに属するものなら、ＰＭＤＡへの届け出だけで済むメリットもある。

段階的参入と事業化の勧め

以上３つの事業化サンプルに関して、別のところに視点を移してみよう。既存品、類似品、競合品の存在と、既成市場という土俵についての考察だ。

まずは、既製品の存在から考えうる新製品の仕様や技術要素について。これらのケースでは、すでに大企業や中小企業が長年にわたって、激しい競争を繰り返している状況下にある。

その場合、参入（チャンス）というより、あえて戦い（リスク）の場を選択した決断がプラスへの転換要因の一つになりうると考えられる。しかしその際、入るべき戦いの場で勝ちにつながる武器を持ち合わせているという確信が必要となる。つまりあえてリスクに挑める自信、かつ自社技術を最大限に生かせるという自信が重要なのだ。

そのようなケースでは、現状の戦いの場で相手が持っている弱点、つまり市場における不満足度を把握することも必要だ。いうならば、付け入るスキがあるという分析もしていくべきだろう。たぶん、それぞれが参入を検討した時点で、「歩数計測だけで十分なのか」「長時間安定した心電図電極が実現できるのか」というような、基本的な疑問点を持っていたはずだ。

ここでポイントとなったのが、「既存市場の存在」という事実だ。すでに、大きな健康志向市場は存在している。そのうえで、「歩数計」「心電図ディスポ電極」といった商品は、「誰もが保持している」といっていいくらいまで浸透している。「磁気治療」にしても療法そのものの実在は確認していたはずだ。そうした状況下でもなお、「使用者側の不満」「持っているだけで活用されない理由」などの負の追跡も行ったと思われる。

じつは、最大の隙間というのは、こんな身近でかつ誰でもが抱えている「日常生活」の中にあるのだということを改めて知らせてくれた、と考えてよい。

それは、医療・健康という概念から発したとはいえ、工学・技術や市場性の調査というような総合的な見地から情報収集がスタートする。一方からの情報発信でなく、両側からの情報共有と交換、あるいは第三者的な評価などを通して、新製品誕生のキーポイントが構築される。だから、新製品開発というのは、決して高度な技術、複雑な機能などを意味しない。いわば、ありふれた日常生活の中にも存在することを改めて感じさせられる。

ここから最大公約数的な一つの公式が見えてくる。いわゆる、「段階的なステップを踏むこと」だろう。これは、一気に大それた新規開発や大型プロジェクトを実行することを意味しない。いわば、ともすると「地味な技術」というような、「いわれてみれば」という技術や製品を指す。

華々しさやイノベーティブといった「新製品開発」を期待する人たちには、夢をなくすような話かもしれない。だが、現実の機器開発は、ここに出したサンプルのような製品が奮闘していることを、肝に銘じてほしい。また、それをどのように販売し、受け入れられる製品に改良していくのかも、自ら知恵を絞る必要がある。

コラム❹

医療機器を支える力持ち－①

真に必要とされる医療機器は、必ずしも革新性・新規性に富んだ製品だけというわけではない。本文にもこのことは繰り返し記述した。それでは、どんな製品が求められるのか。

たとえば、リスクマネージメント関連から連想されるものとして、地震などに備え転倒防止機能がある設備機器を取り上げてみよう。普段は目立たない装置ではあるが、大型の医療機器をサポートすることを最優先に考えられた事例である。

写真に示したのは、四六時中、稼働する医療機器を支える特殊製品で、ベンチャー企業アイエル社が製造販売する“プロゲルII”だ。これには耐震装置が具備されており、強い地震時にも機器の転倒を防止できる。プロゲルIIの根幹技術となっているのは、「粘着ゲルマット」と呼ばれる部材であり、この部分が耐震特性を有している。対応荷重は800kgもあり、いうなら「縁の下の力持ち」ともいえる。

実際、これで補強された製品は、東日本大震災の際の強震にも耐え、転倒を免れたことで注目された。 （102ページ②につづく）

提供：アイエル

第四章

医療が求める〝真の商品〟企画を

―実用的改良商品開発

医療が求めているのは〝高性能・高機能〟医療機器でない

実際の医療現場で求めているのは、一体どんな製品なのか。この質問に対する一発回答は難題だ。とはいえ、単純な回答を用意することも可能である。

要するに、「実用的であり、真に役立つ機器」ということができる。世の中の事情がどう変遷しようと、医療の質の向上の要求は不変であり、そのために必要とされる「使い易い医療機器」が求められていることも厳然たる事実だ。

ともすると、医療機器開発という長年のテーマに対して、恒常的に語られるのは、「法に則った機器を開発すること」という回答が返ってくる。そのうえ、どういう医療機器をどう開発するかについての議論となると、多くのアドバイザーが答えるのは、「これまでにない革新的な医療機器」という目標が掲げられたりする。これは、開発者にとって「夢」を与えることになるが、いざ開発となると、やはり時間をかけた割には完成度が低い、あるいは完成まで至らなかったという事例にこと欠かない。

こうした状況を打破するためには、専門メーカであろうとベンチャー企業であろうと、「医療に役立つ機器」の開発が望まれる。この目標は最低限ではあるが、開発に当たるすべての企業が開発の基本要件に据えておかなければならない必須事項といっていい。

じつは、メーカのエンジニアとして仕事をしている場合、医療現場からのニーズの相談を直接的に担当医師から受ける場面は多々ある。医師はそれぞれの専門科に属し、特化した疾病の診断や治療に長けているため、一点集中的なニーズの相談が多い。「こんな器具があれば手術の成功率は上がる」というようなことをいわれるが、そのマーケットが狭い場合、技術者としては、その開発に肩入れするか、やんわりとお断りするか悩む場面でもある、、、

それでは、医療機器開発に関するオーソドックス、かつごく一般的なステップについて考えてみよう。

図表４－１は、医療機器の基礎研究から始まる商品化・事業化までの基本ステップを示している。医療機器産業が薬機法に基

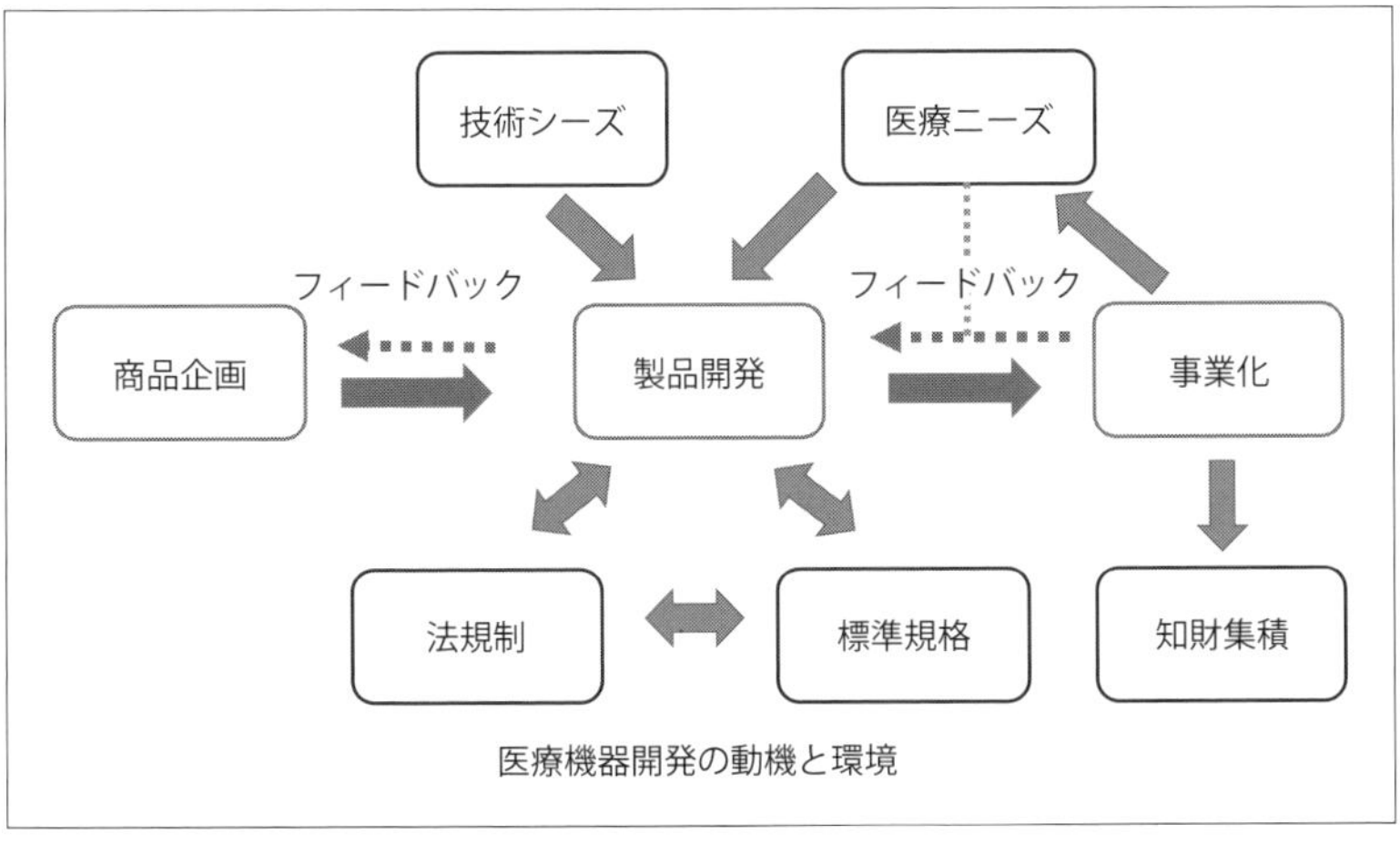

図表4-1　商品化への事業ステップ

づく規制産業であり、法規制に関して強い制約を受けることは一つの大きな特徴でもある。だが、それと同時に、医療ニーズに応えられるかどうかが製品としての価値判断の分かれ目にあることも事実で、これなくしては事業化が成り立たない。ときには、医療側からの強力なバックアップも必要で、さらなる要求が突きつけられることもある。これこそが商品化に関わるフィードバックとなり、より実用性をまし、また有用性の増大につながる。

こうしたフィードバックサイクルを繰り返すことにより、本当の医療機器としての立場が確立されることになる。ここでは、具体的な医療機器のサンプルを示しつつ、どういった開発経過を辿るべきかを考えていきたい。

成功商品のビジネスモデルを検証すると

過去、数十年の医療機器業界の推移の中で、臨床機器として一番普及しているのがパルスオキシメータだろう。それ以外に、ＡＥＤなど年間販売台数にして数十万台を売り上げている製品も存在することは事実である。だが、真の医療機器として臨床の場において役立っている機器を上げるなら、パルスオキシメータを置いてほかにない。その証左の一つとなるのは、全世界の累計普及台数を推計すると、５００万台を超える数がはじき出され

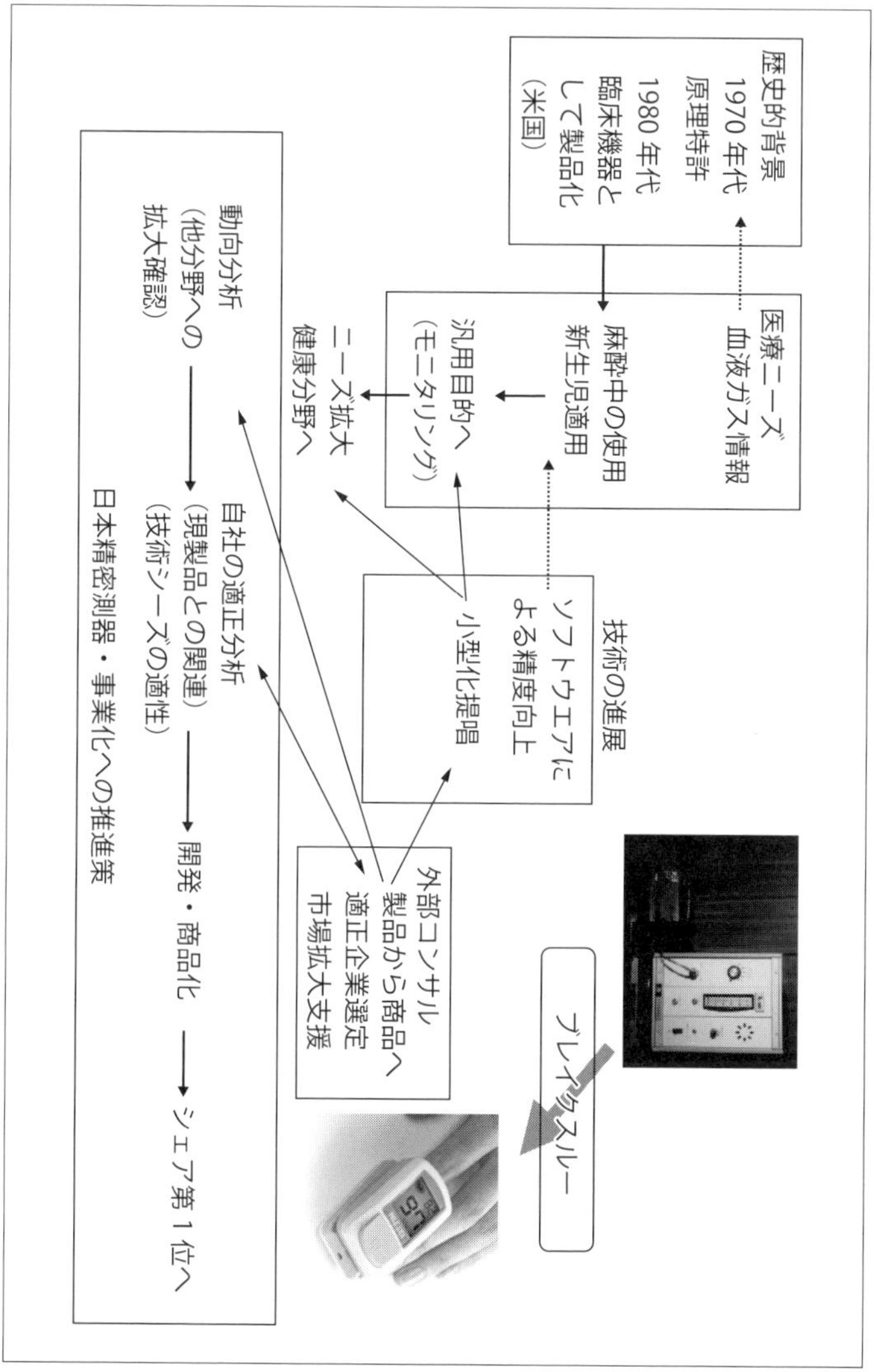

図表4-2　パルスオキシメータのビジネス展開

るからだ。

図表4－2に示してあるのは、パルスオキシメータの発展の歴史というべき、商品化までのいきさつである。

「パルスオキシメータ」という機器の発明というより、「パルスオキシメトリー」という測定原理の開発というのが妥当かも知れない。その開発に当たったのは、日本光電工業株式会社の青柳卓雄氏らのグループで、原理特許の出願が1974年3月29日。しかも、同類の特許出願が当時のミノルタカメラ株式会社（現：コニカミノルタ株式会社）から、3週間後くらいに出されるという、稀有の偶然性から始まったのがこの機種の起源となった。

ミノルタ側の出願者の一人山西昭夫氏によれば、特許そのものは日本光電側に僅差の遅れがあったが、同社の出願書に書かれている「指センサ」は現在でも世界標準となっている。確かに、原理そのものこそ遅れたが、実用化面で世界標準となっているアイディアは貴重だ。

まるでドラマにでもなりそうな経緯からスタートした機器が、日本での発明をよそに、アメリカで最初に製品化されたという点でも注目を集めた。その基礎となったのは、アメリカの麻酔医・セベリングハウス博士が麻酔中の患者には「必須機器」として勧めたことによる。

アメリカでのクリティカルケア領域、すなわち術中モニタや新生児ケアの分野でなくてはならない医療機器として重要視されていく状況を俯瞰していると、類似の医療機器開発を主務としていた当時、この機器の汎用化が期待できることを予感した。

１９９３年に出版した『健康を計る』という著書の中に、筆者が一つの提言をしたことがある。ＩＣ技術など技術革新が始まりつつあるころ、小型化・ポータブル化を図れば医療の広い領域で有用な機器に展開できるという構想だった。商品化に向けた主な狙いを列記すると次のようになる。

・小型化・低価格化による汎用性
・ポータブル化によるユビキタス的な至便性
・クリティカルケア用モニタリングから生体情報チェッカーへ
・循環と呼吸の簡易チェック

事実、この提言がもとになり、最初は国内のメーカが、引き続きアメリカをはじめとする世界各国のメーカがこのことに賛同してくれた。現時点では、全世界でおそらく１５０社以上がこの製品と関りをもつようになり、パルスオキシメータは医療機器の中でも最もポピュラーな商品となっている。

現時点での国内生産台数は年間、20万台に達し、当初からのモニタリングタイプはそのうちの５％程度にすぎなくなった。

こうした状況を俯瞰すれば、パルスオキシメータという製品は、まったく別の製品に生まれ変わったといってよく、「商品化企画」のモデルとしては典型的なサンプルを提供したといっていい。四半世紀ほど前、筆者がその先鋒的な狙いをもって提示した「小型化商品モデル」は、ここにきて現実になったと実感している。

さらには、基本原理についてのデジタル化を通して、測定精度の改善を図った優れたソフトウエア技術も登場し、全世界での普及を後押しした。

生産側での成功例をあげるなら、日本精密測器株式会社の参画例がある。同社も小型化・ポータブル化による汎用製品を狙ったもので、汎用化・普及タイプの製品を次つぎに商品化した。現時点では、日本市場のシェアホルダを継続している点を勘案すると、その商品化構想が的を射ていたことを物語っている。

同社での開発は、必ずしもパイオニア的なものではなかったが、時代の趨勢を俯瞰しつつ、スポーツ分野などへの進出が可能と予測した結果だった。それゆえに、地元の赤城山での低圧環境、すなわち酸素の薄い場所での実地試験などが製品系列確立に寄与した。近年の登山ブームも追い風となり、高齢者に限らず登山の際に携行を推奨される機器としても発展を遂げている。

難しい機械をさらに高性能、高機能化することが新商品を生むわけでなく、「簡易化」「単機能化」というい わば逆方向の戦略によって優れた商品が誕生することも知っておいてほしい。

パルスオキシメータ市場はさらなる広がりを感じさせ、ヘルスケア領域だけでなく、たとえば在宅管理・福祉領域などへの浸透も期待できる。

パルスオキシメータの事業分野

パルスオキシメータの開発とは別の観点から、その事業形態の多様性に関して見ておこう。

世界中が注目しているパルスオキシメータであることから、それを形成する素子や部材からはじまって、システムとして機能する機器に至るまで、各分野での事業が展開されている。図表4－3は、事業形態別に見たパルスオキシメータ関連事業を分類したものである。

たとえば、素子だけを専業とする企業さえ存在し、センサの素材や専用ＩＣチップといった特有の部材だけで企業としての機能を発揮している事業形態も存在する。じつは、アメリカで臨床評価が進んだ１９８０年代、製品化したのはアメリカの2社だったが、センサ関連の部材をはじめとして、ハード部分は日本のメーカが主体となっていることが注目されたことがある。見かけはアメリカ産ではあっても、個々の材料は日本製、さらにいうなら基本原理も日本固有のものなので、当時、アメリカで革新的機器として知られるよ

分野	事業
素子	（センサ用素子）フォトダイオード、LED
	（本体用素子） 専用ICチップ
センサ	（原理）　　透過型、反射型、複合型
	（装着部位） 指、耳、体表
	（使用方法） 使い捨て、リユーザブル
本体	（構造） スタンドアローン、ポータブル、指チップタイプ （形状） 単体、モジュール
システム	（用途） 生体情報モニタ、睡眠評価装置、可搬型健康チェッカー
ソフトウエア	（目的） 体動ノイズ除去、低潅流時S/N向上

図表4-3　パルスオキシメトリー関連の事業分野

うになった機器も、じつはほぼ日本製といえると揶揄された経緯をもつ。ふつうは、「アメリカでのアイディアを日本のメーカが作る」という方式に反していることも注目を集めた製品だった。

　スタート時点から話題に事欠かない製品で、その時点から「国際分業」の進んだ事業ということも可能である。

　このことに関していうなら、センサについて実例を示すことができる。パルスオキシメータのセンサ部は、一時期、使い捨てのものが普及したことがある。その場合、本体との互換性が取りざたされるようになった。結局、使い捨てセンサは、コスト面などのデメリットもあったことから、一時的なブームのまま、終焉を迎えた感がある。ただし、その余波として、センサのみを事業化している企業がある。わが国をはじめとして、中国やヨーロッパの会社がパルスオキシメータ用センサの専門メーカとして存在をしている。パルスオキシメータの事業の大きさを物語っているといえよう。

本体自体は、指に装着可能でセンサとの一体化タイプが中心となりつつある。初期のころパルスオキシメータといえば、クリティカルケア向けのスタンドアロータイプがただ一つの形態だった。しかし、現在では、その地位を指センサ一体型の小型化を意味するようになっており、これがこの機種にとっての大きな変化となった。主役交代の好例でもあり、それはまた、機能の変遷に結び付いていることを明確に物語る。

さらには、この変化について、別の見方もある。当初のクリティカルケア向けの単体は、生体情報モニタ内、あるいは睡眠評価装置内の一パラメータとして吸収され、その分野向けの単体機能の役割を終えつつあるということも可能だ。

また、ソフトウエアついては、米国のMasimo社が20年程前に開発・発売した信号／雑音比を改善する〝Masimo SET（Signal Extraction Technology，信号抽出技術）〟が有名だ。全世界で多くのパルスオキシメータ関連企業が採用しているソフトウエアでもある。言ってみれば、同社のアイデンティティは、そのソフトウエアの存在にあり、それが企業として成り立っているともいえよう。

じつは、この図表4－3に盛り込めない未来分野もある。盛り込めないというのは、まだ広がりを見せるだろうという予測の段階だからだ。

その点を考慮しても、同事業の広がり、発展性は余すところを知らず、さらなる展開に目が離せない。

サバイバルに賭ける取り組みもある

つづいて、がん治療の分野におけるユニークな機器開発について紹介しておく。

元来、がん治療の御三家といえば、①外科治療（手術）、②放射線治療、③免疫療法というのが定番である。そのうえで、これらの療法への改良・改革については、多くの関係者が日夜、多大な努力を払っている。それゆえに、そこに他の療法が入り込む余地さえない、と考えられている。

また、かつては不治の病とされ、世界中の人びとから恐れられていた病であったが、ここにきて大きな治療効果も出つつある。

とはいえ、部位によっては致死率に大きな違いがあり、難治がんという種類も存在する。したがって、御三家といえども手が出ない領域が存在することも事実だ。それゆえにこの三つですべてが賄いきれるものではないことも明白である。

この着手が不可能な領域に関して、三大治療の補完治療といわれるものもいくつかある。その一つが、ここに例示するハイパーサーミア（温熱療法）だ。かつて、多くのメーカがこの領域に参画し、製品としても数種類が存在していたが、時代の趨勢とともに勢いを減じているというのが現状だ。

だが、かつて、こうした既存製品があり、現在でも学会組織が活動を存続している状況を見れば、往々にして、サバイバル治療としての意義が復活する可能性もある。実際、この治療を継続している医師の話を聞くと、「ハイパーサーミアで本当にがんが治っていく患者さんがいっぱいいるんですよ」と話す。

山形県で機械加工を得意とする株式会社庄内クリエート工業は、専門医からのアドバイスにより現存する機種の改良版を製作してほしいという要望を聞き入れた。機器の規模からしても専門メーカでない企業がこの分野に参画することには、社内外をとおして、賛否両論があったという。

図表４－４は、ハイパーサーミアに関わる開発経過の背景や進行状態を表したものだ。この事業を始めるきっかけとなったのは、何といっても医療側や学会サイドなどからのサポートだ。これに対して、庄内クリエート社は、官庁の関連組織、医工連携関連機関や産総研といった医療機器開発に詳しいアドバイザーの意見を聞くことから始まった。

決め手となったのは、同社経営陣の並々ならぬ「決断」に他ならない。おそらく、専門企業や大企業だったらこうした重大課題の決定には相当慎重にならざるを得ず、ともする

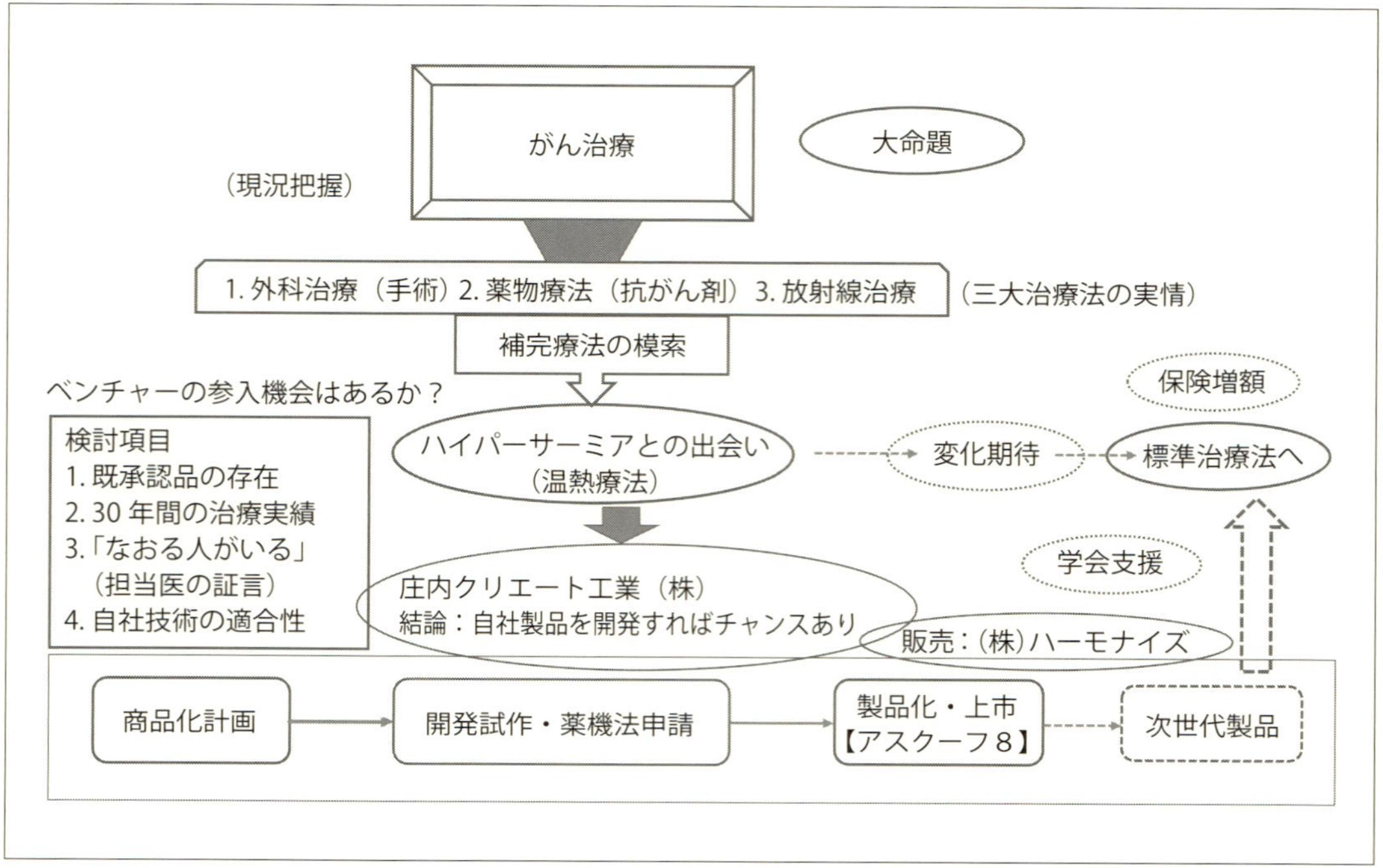

図表4-4　ハイパーサーミア機器のビジネスプラン

と「決定に至らない」ケースがほとんどだ。ところが、ここに中小企業、異種事業からの参入チャンスがあることも事実なのだ。

その決め手となった具体的な理由をいくつか挙げてみよう。

①　ユーザーニーズ、すなわち医療側からの要望

②　自社の将来志向として、「医療機器分野」があるという認識

③　自社の技術適正、生産能力の評価

④　採算性、費用対効果の算定

⑤　アドバイザーの存在と助言体制の確認

⑥　複雑な稟議の要らない決断力の速さとチャレンジ精神

これらの理由を基本にして、実際の開発期間や費用、さらには採算性の検討をおこなった。その中で、製品化として必須となるのは、「薬機法」の突破だった。これを回避しては、商品化への道が開けないことも理解していた。

そこでの結論の一つが、「後発品」を狙うということになった。なぜなら、革新性や新製品というたい文句を選択すれば、すでに市場に出回っている「類似品」に対して競合上のメリット、つまりは優位性が出ることも理解した。じつは、類似品としては、現時点で1機種しかないこともわかっていて、もし、それを大きく上回る性能・機能を打ち出せれば大きな利点になる。だが、反対に「新規性」を前面に出せば、薬機法突破が難しくな

ることもわかっていた。

ＰＭＤＡとの開発前相談では、そのことの理解、つまり「類似品のほうがバリアが低い」ことも示唆され、これには、アドバイザーからも同意見が寄せられていた。それゆえに、「新規性」は二律背反、どちらかを選択する必要性に迫られたのだ。

「段階的参入」という概念は、こういうケースにも意味をもつ。とくに、新規参入のケースでは、この考え方を基本とすべきだろう。

少し、具体的にいうなら、次のようなステップになる。

Ａ．バリアの低いほうで薬事法を突破して、製品として売りだす。

Ｂ．販売実績が出れば、企業にとってもメリットが出る。

Ｃ．この段階になって、事業としての余裕が出た後で、新規性能、機能を持ったものを企画する。

一口で表現するなら、「順を踏む」ことに他ならない。

これとは反対に、最初から「優位性」を謳うために、新規製品を企画するなら、法規制上も、「臨床治験」などの必要性が生じ、時間だけでなく、費用も跳ね上がってしまう危険性もある。最悪のケースでは、それでも薬機法突破が不能となることもあり、「事業計画」が失敗ということにもなる。

「類似製品」で行くという大方針は、こうした背景があったことを付記しておく。

理想と現実のギャップもある

庄内クリエート工業は、決して大企業という部類に属するわけではない。ふつうの考え方からすれば、価格が1億円程度もする大型医療機器から参入するのは珍しい。プロジェクトとして考えるには、機器が大きすぎてリスクファクターも存在するからだ。したがって、常識的に考えると、初めから大プロジェクトに参入することなどありえない。

ところが、往々にして意外なこともある。大企業ほど、こういった事業にはしり込みすることが多い。商品化企画の段階で、多くの賛否が出すぎて、結論が先送りされるケースが多いためだ。企画するプロジェクトが大きければ大きいほど、この傾向が強い。

逆説的に聞こえるかも知れないが、このハイパーサーミア療法への参入などは、大きい企業ほど、入り込もうとはしない傾向がある。大企業の部門長であっても、億単位の開発プロジェクトを決断することは、その責任の重さゆえに尻込みしてしまう。同社のこの事業スタートの決断は、このくらいの規模の会社でないとできないということも事実なのだ。大企業でなければ、参入できない分野はある。だが、大企業ゆえに参入をためらう場合もあるのだ。

庄内クリエート工業は、スタート時にいくつかの想定をした。薬機法対応の機器試作期間、薬機法取得期間についてはほぼ1年程度と計画。しかし、実際にはともに2倍ほどの期間が必要だった。

とはいえ、初めて医療機器を開発して、それを世に出した実績は優良サンプルといえるだろう。大型機械メーカとしての基本技術を持ち合わせていたうえ、外部からの適切なアドバイスが大きかったと推測される。

図表4－5は、販売名「アスクーフ8」というハイパーサーミア用の完成製品の設置例である。この製品に関して、もう一つの戦略的な企画を紹介しておこう。

庄内クリエート工業は、製造販売業の分野では特徴を発揮できるが、販売を専門業者・ハーモナイズ社に委託し

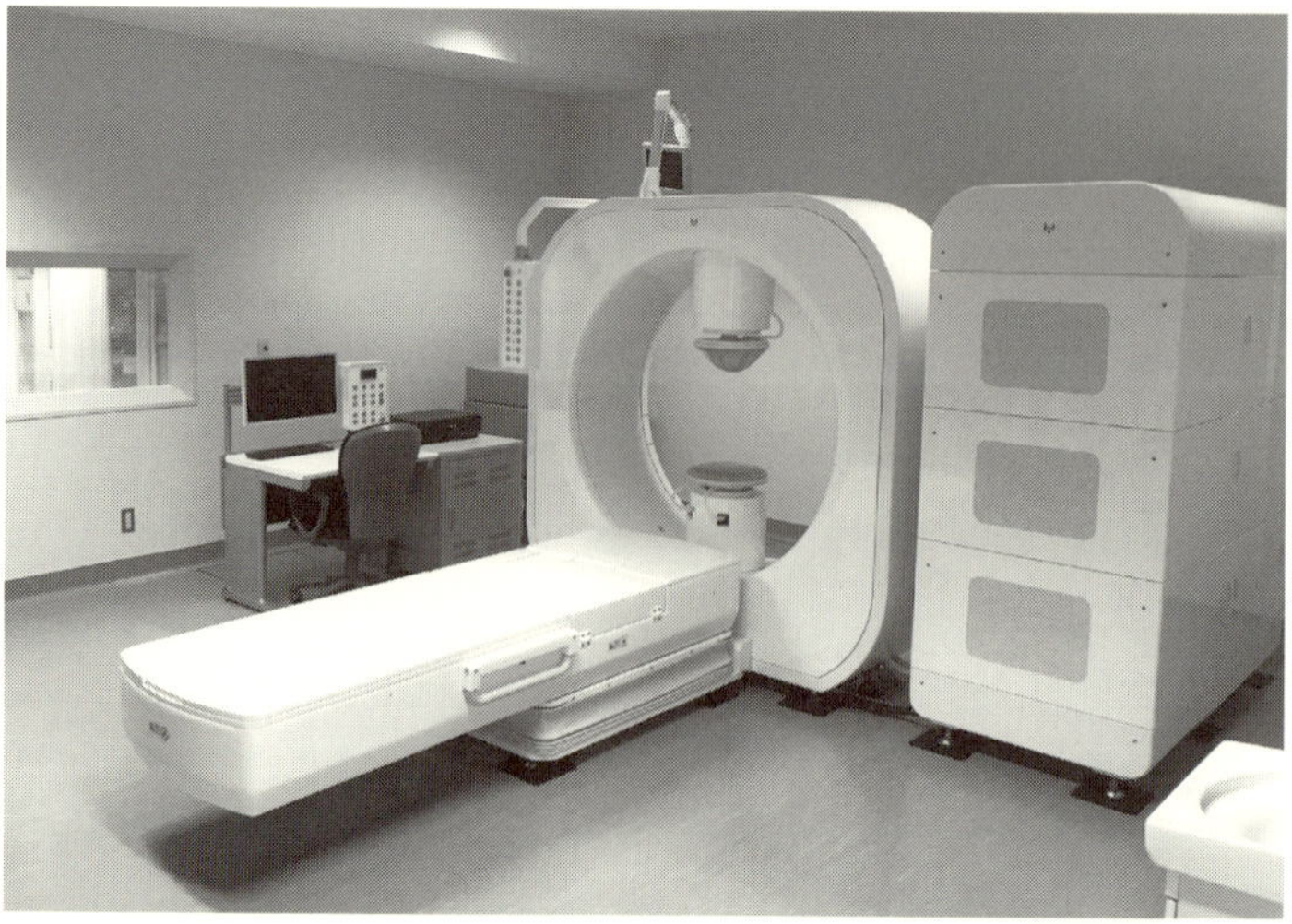

提供：ハーモナイズ社

図表4-5　ハイパーサーミア機器「アスクーフ8」の概観

ているという事実がある。製品自体がいかに高性能・高機能であっても、実際のビジネスには直結しないことを察知していたためだ。こうした企業同士がタッグを組むことによってはじめて、市場価値が生まれるという好例でもある。これこそが、「総合的な商品企画」であり、新商品として「売れて役に立つ商品」となるための要件であることも教えてくれる。

競争が生む発展性への余地

もう一例、筆者の体験例からの開発事例を示したい。

生体情報モニタは日本での創始から始まった製品であり、その歴史は50年以上にも及ぶ。だが、生産台数からすれば、世界のシェアホルダはフィリップス社であり、同社による総計納入台数は、２００万台と発表されている。この数字から推定すると、合計で５００万台程度、最近のポータブル普及タイプを入れたら１０００万台が稼働している。

半世紀に及ぶ技術革新の中でも、ワイヤレス化の動きはとくに注目を集め、現在においてもこの製品の特長の一つとなっている。わが国においてもワイヤレス化の比率は、80％以上となり、この市場を独占している。

じつは、ワイヤレス化の発想は40年以上も前で、当時はアナログ方式の電波を利用するより仕方がなかった。〝発想〟ということばを使うのがおこがましいほどの、「切実な、切羽詰まった」事情からの出発だった。まさに「これしかない」という状況だった。

非常に現実的な話をすることになるが、アメリカに拠点を置いていた医療機器メーカのヒューレット・パッカード社（現：フィリップス社）が、独自のフローティング方式の心電計を売り出したことに端を発する。フローティングとは商用電源から患者の体に直接的に電気が伝わらないよう、電気回路的に分離（絶縁）をし、安全性を確保した方式のことである。当時、世界的に医療機器の電気的安全性が注目された頃の話だ。

やがて、世界標準のＩＥＣの中に「医療機器の電気的安全性」を謳う事項が盛り込まれ、これが必須条件となる。その頃の中心的な医療機器「心電計」をはじめとして、生体に繋がる入力回路は、フローティングが義務付けられることになる。

それとともに、医療機器市場では「フローティング方式ではない日本の医療機器は危ない、患者漏れ電流は当社のものより10倍大きい」という「攻撃」が展開されていた。

だから、生体情報モニタのワイヤレス化の理由は、商用電源側にある本体と患者に取り付けたセンサを完全に電気的に分離するためだった。つまり「安全性で勝る方法はこれしかなかった」というのが実情でもあった。ワイヤレス化すれば、患者漏れ電流は「フローティング」よりもさらに微小な領域に追い込める…

この方針のもとに、ワイヤレス化生体情報モニタが完成したのは１９７６年。その後についた「臨床モニタ」の名称のとおり、実用化が一気に進んだ先駆けとなった。この施策が「実用化目的」というより「競合対策」だったことを考えると、「普及」効果は後からついてきたというのが偽らざる真実でもある。

それより、今から思うと、フローティング技術を「世界標準に組み入れた」ヒューレット・パッカード社の事業化戦略は、現代社会でも通用する優れた施策だったと感心する。もともと、「患者の生命を救うため」という使命が大前提の医療機器にあって、それ自体が「患者の安全を損なう機器」であってはいけないことは、火を見るより明らかだ。とはいえ、医療機器の世界標準化までを見通して、普及ための礎に据えた考え方こそ、「これぞ事業化戦略」という以外にない。

その当時、同社ではＩＥＣの業務に関して「専門担当者」を置いており、その「戦略」に対する姿勢を垣間見る思いをしたものだった。さすがに、現在では、日本の各社もこうしたストラテジーを保有するようになってはいるが、まだ医療機器の実用化が始まった時期にすでにこのような事業体制で臨んでいた事実は、特筆しておきたい。

これから求められる未来機器

図表４－６には、第一期と第二期に分けて、ワイヤレス化の動向を示した。

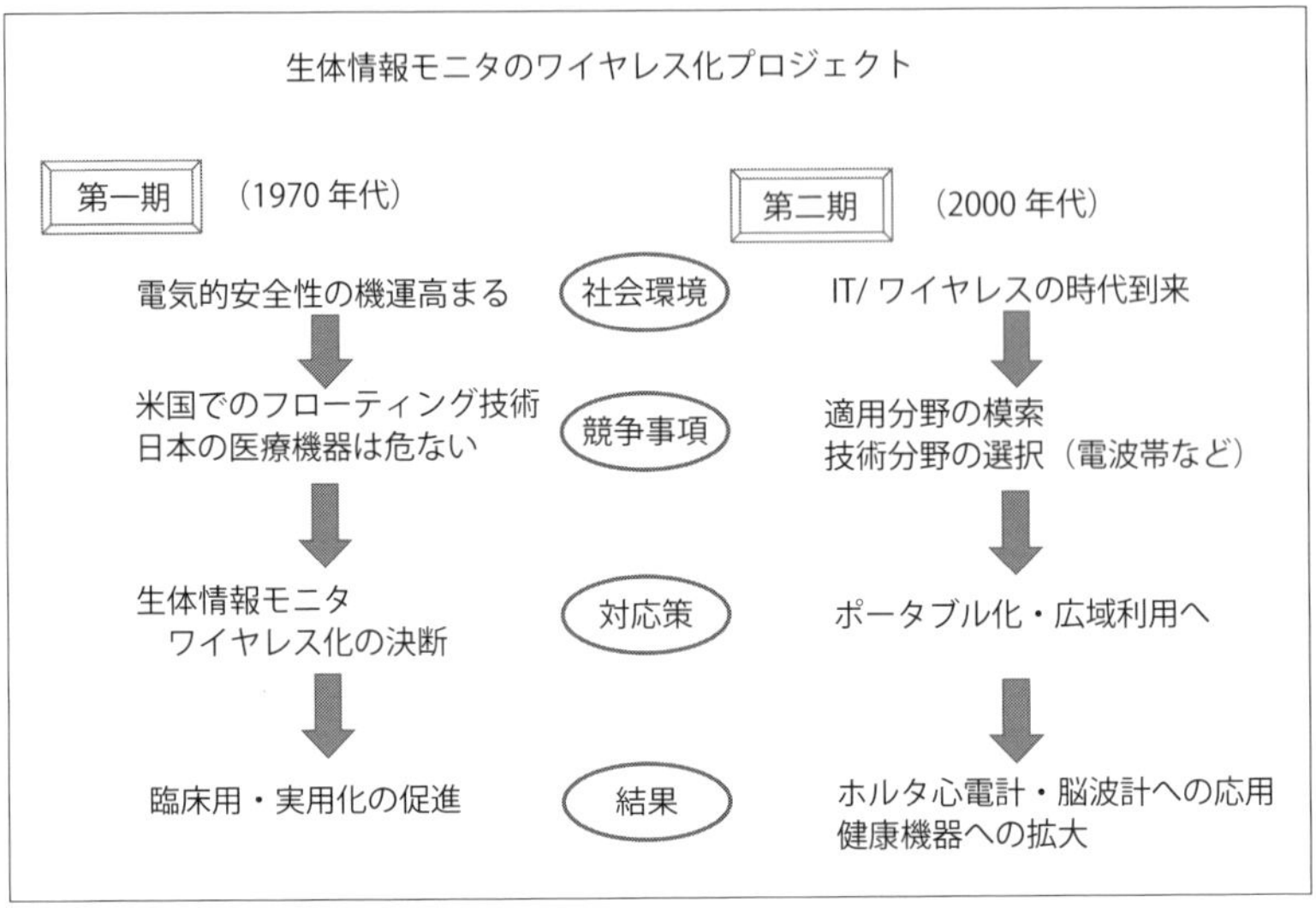

図表4-6　ワイヤレス医療機器のビジネス展開

第二期は、現在進行中のモデルと考えられるが、第一期との対比のため、共通要素を並べてみた。

第一期との大きな違いは、技術要素で、第一期ではアナログ技術が中心になっていたのに対して、高性能のデジタル技術が利用できている点だろう。とくに、利用している電磁波の周波数帯域が高くなった分、アンテナなどの小型化が可能となったため、送信機、受信機ともに小型化が可能となった。それゆえに、送信機自体のポータブル化も進み、病院外での医療用途にも拡大されたメリットを有する。

さらには、開発ポイントが明確になったことだ。つまりは、過去の遺産というべき、「既存市場の存在」である。商品仕様をクリアさえすれば、確実に売りにつながる安心感、これは開発者にとっての一種の安心感や自信につながる。第一期のような、売れるかどうかの「ワクワク感」は小さいが、その代わり「道筋どおりの工程を進めば必ず目的を達成できる」という計算が成り立った。

その延長上で、まずは薬機法突破のための商品モデルも、容易にできあがったことになる。とはいえ、「新規性を嫌う」薬機法突破には、いくつかの難題もあった。これから、新製品を狙うケースでは、「新商品の企画戦略」と「薬機法突破戦略」を全く独立して考えないといけない。なぜなら、「新規性」というキーワードは、「薬機法」の精神と真っ向から対立する関係にあるからだ。本件に関しては、次章で詳述する。

ここで、薬機法の完全突破を果たした事例を紹介したい。第二期での主テーマは、いかに薬機法を突破するかに重心を置いた。一つは、新しい電波帯として注目され出した２・４ＧＨｚ帯域での送受信関連技術の導入であった。現在では当たり前に利用されているＷｉＦｉの周波数帯域である。２００５年当時、医療機器でこの帯域を利用している機種は存在していなかった。とはいえ、この周波数帯の電波利用の話を薬事法窓口だった東京都に持っていっても、対応してもらえないことも予測していた。そこで、まずは当時の郵政省の窓口機関に相談した結果、電波法に沿った認証を受けることにした。幸い、電波法上まったく問題がないことが判明し、その認定書を添えて医療機器申請書を提出。その結果、法的にも問題ないとの判断で、医療機器承認を得ることに成功した。

本当の商品化企画というのはここからはじまるという実例として、新商品への展開について付け加えておきたい。じつは、承認取得から始まった「小型ワイヤレス心電図モニタ」の実績は大きい。最大のメリットは、患者の胸に〝直接〟装着できる心電図送信機が実現したことだ。これは、当初からのねらいどおりというわけで、この商品化計画のポイントでもあった。

そのうえで、この実績はいくつかの新商品計画への展開を可能とした。

一つは、ワイヤレス脳波モニタへの先駆けともなったのだ。ここが第一期のアナログ時代と異質なところで、いとも簡単に脳波計や筋電計への応用が可能となった点が注目ポイントでもある。何がちがうかといえば、アナログ時代では、信号の増幅度も周波数帯域も違う製品となると、改めて設計のし直しという事態になっていた。だが、デジタル化の特徴として、主としてソフトウエアで動作させているので、「設計変更」という文言でなく、単なる「ソフトウエアの変更」程度でことが済むのだ。

とくに、脳波計の場合、長い誘導コード（リード線）から飛び込む電磁ノイズは、簡単な処理回路では除去できない。しかし、小型ワイヤレス送信機を使えば、患者の近傍に置くことが可能となるため、脳波計の信号対雑音比の向上に役立つ。

さらには、ホルタ心電計のワイヤレス化とともに、患者が直接装着できる意義も大きい。ホルタ心電計の場合は、とくに小型化や電池の長時間持続性などが求められるため、商品としての要求事項を満足することにもつながった。

ちょうどこの原稿を執筆している時期に、Apple Watch 4の発売のニュースが伝わってきた。その目玉に据えられているのが、「心電図計測」という新機能搭載アプリだ。アップル社の発表によると、ＦＤＡの認可も取得しているという。アップルウォッチという大衆用一般機器を使って、健康機器分野への参入を画策していることが明らかになった。

もちろんというほうがいいのかも知れないが、日本での薬機法を突破しない限り、わが国での普及はありえないが、この辺の課題についても追って言及したい。

個人的な心情をいうなら、40年前に発想した第一期での思惑が、今になって、ようやくここまで来たのかというのが偽らざる感触でもある。

コラム❹

医療機器を支える力持ち－②

生命維持装置としての人工透析装置や人工呼吸器などは、止まってしまったら最後、何人もの患者の命に関わる。これらの装置そのものが命を救うための機器であるため、その性能・機能を維持し続けるのはもちろんのこと、いかなる状況下でも稼働し続けるべき宿命を担っている。そのためにはプロゲルIIのような機器が必要不可欠となる。

これらは本設備に組み込まれているものの、最新鋭とかハイテクという技術とは無関係だ。そのこともあって、大企業や医療機器専門メーカが二の足を踏むニッチな分野なのかも知れない。

逆にいうなら、こういう分野こそ、中小企業やベンチャーの出番なのだ。医療側からすれば必須な製品なのに、誰も参入しようとはしない。なぜなら、採算性が未知、販売台数にも制限があるような機器は、専門メーカも手を出さないからだ。

しかし、よく考えてみてほしい。医療機器業界において普遍の思想として力説されている“リスクマネージメント”は、こういうケースを基本とすべき本質を有する。日常的にいわれるQMSとか、リスクマネージメントというのは、こういう事態になって初めて真価が問われる。そのための対応策の好例を、ここに見る思いがする。

アイエル社の話によれば、プロゲルIIの出荷台数はすでに4500台にも達したという。生命維持装置を“維持”するとなれば、人の命に対しては「二重の生命維持装置」といえるだろう。

第五章

バリア突破による商品化直結のビジネス

「脳波測定」に関わる商品化での課題と対策

医療機器開発のあるべき姿を模索するために、脳波をテーマとしたビジネスについての実例を挙げておく。

図表5－1に示すとおり、脳波の発見はドイツの精神科医師、ハンス・ベルガーによるもので、氏の論文発表1929年に遡る。それから現在に至る90年にも及ぶ医療機器開発の歴史をざっと見ておこう。

ベルガーの発見を機に、アメリカの医療機器メーカ、グラス社が第一号の脳波計を作ったのが1935年。たった1チャンネルの木製脳波測定装置であった。実際に、1951年になって商品化したのは日本のメーカ2社（三栄測器社、日本光電工業社）で、それ以来、世界の「脳波計」を主導してきたのは日本だといっていい。

初期商品としての脳波計が抱えていた問題は、「脳波をいかに忠実に再現するか」ということで、その課題克服が商品化のポイントだった。事実、脳波の電気信号は、高だか100μV程度しかなく、これを記録紙上に再現するには1万倍（80dB）以上の増幅度が必要である。1950年代の信号増幅技術の中心にあったのが、今では半導体に置き換わってしまった真空管であり、それが回路技術の主要部品だった。その当時、まともな増

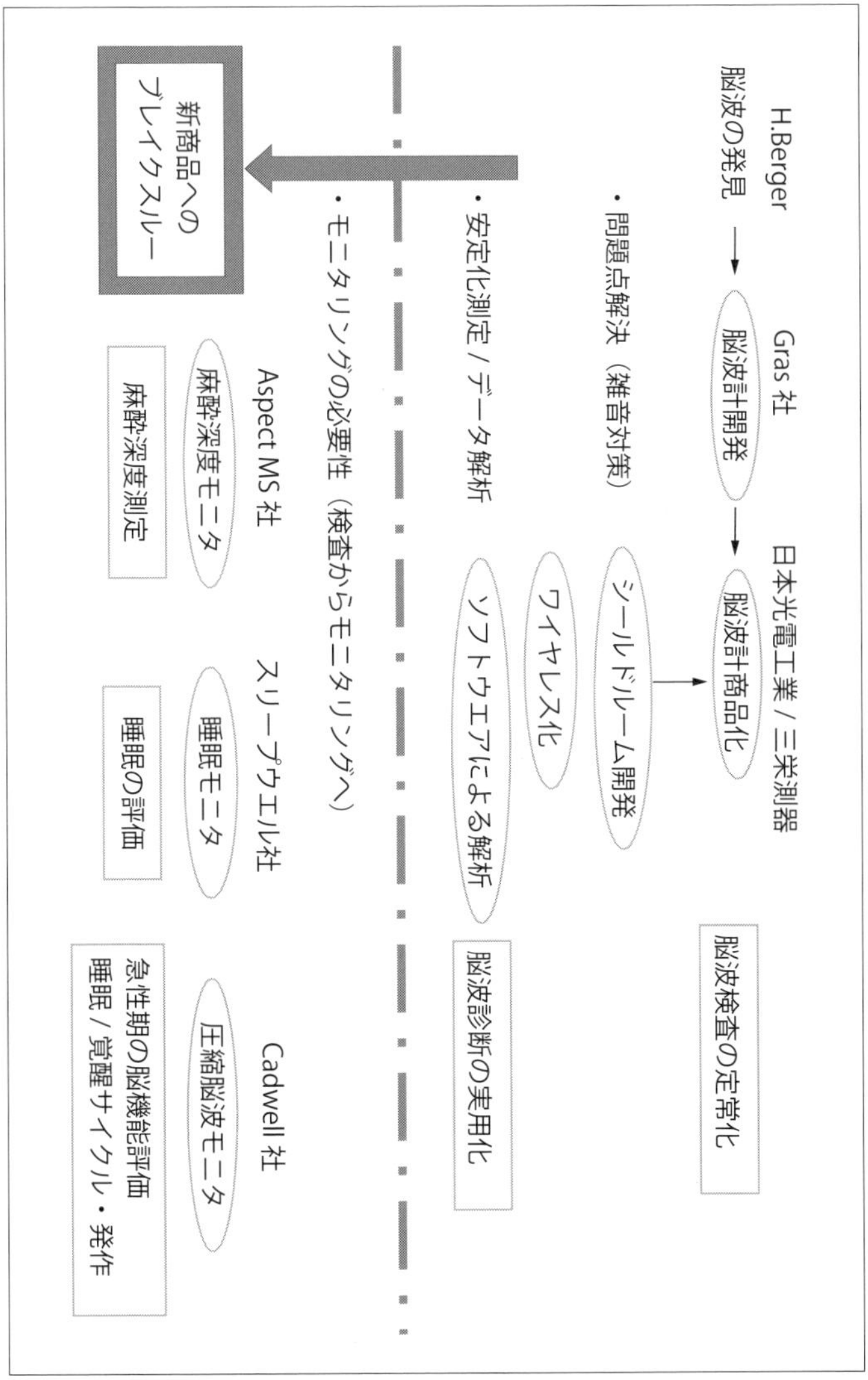

図表5-1　脳波関連のビジネス展開

幅回路を創り上げようとしても、微弱な信号に対して商用電源から飛び込んでくる大きな雑音の除去には限界が存在していた。

つまりその頃の「先端技術」をもってしても、脳波測定という目的には自ずと限界が存在していた。その対策の一つとして、患者測定の際の電磁環境を改善することが考えられた。外部から飛来する電磁波を遮断するシールドルームの中での測定で、金網で作り上げた「蚊帳のような特別室」での実測だった。テレビや電灯をはじめ、あらゆる電気製品からの不要な電磁波が、この微弱な脳波の測定を妨害するからだ。患者はこのシールドルーム内のベッドに寝かされ、頭皮に装着された数十に及ぶ電極から伸びる長い誘導コードで接続された。

この事実からすれば、「脳波計の設計」というのはハードそのものだけでなく、安定測定という目標に向けた使用・環境状況の企画までを含むもの、ということを意味している。

根本的な弱点の克服も必要

これまで見てきたように、脳波計本体の技術の中で、最大のポイントは「信号対雑音比」の改善だった。脳波の信号に対して、通常状態で商用電源からの電磁波雑音は数十m

Ｖにもなる。そのため、ＣＭＲＲ（同相分除去比）という数値を向上させる手法として、雑音（同相分）と脳波（逆走分信号）を分離するための数値は80ｄＢ以上が必要となる。この数値は、信号の増幅度を１００ｄＢとして、ノイズ（商用電源、すなわち同相分雑音）の増幅度を20ｄＢ程度に抑えることにより、微弱な脳波信号に入り込む雑音を抑え込む技術だ。

肝心の回路技術では、中心部品が真空管からトランジスタに変化した頃だが、この課題への実情には変化がなかった。当時の技術陣が何はさておきＣＭＲＲ対応に追われていたことも事実だ。長い誘導コードは、それ自体がノイズを拾う「受信アンテナ」にもなってしまう場合があるからだ。

しかし、時代が経過するにしたがって、ただ長いだけの誘導コードを使用している限り、いくら上質の増幅回路を使っても、目的に程遠いことがわかってきた。

そのための対応がワイヤレス化にあることがわかったのは最近になってからといっていい。患者の近くに小型送信機を置いて、誘導コードを最短にすればよいだけのこと。じつは、この話は単純ではなく、もしかして初めからわかっていても、当時の無線技術が追いつかなかったという言い訳が存在することも事実である。

ともあれ、現代において、ワイヤレス化は脳波測定において必須といっていい。ただし、ワイヤレス脳波計の商品化は専門メーカでもようやく始動したばかりで、第三者的な見解をいうなら、歯がゆい思いをしている状態である。基本的な問題解決に対応できず、従来技術の盲点を引きずったままの状況が長く続いているのは困ったものだ。

新市場に向けた商品開発とオリジナル製品への還元

脳波測定を「脳波検査」目的だけに集中している結果、本来なら、真っ先に検討すべき利用価値や、本格的医療応用への対応を見逃していることもある。脳波の発見以来、その応用機器が「脳波計」に限られるという先入観が先行していたためだ。しかし、脳波の持つ意味、つまり「生体の脳活動の反映」というソースを引き出す工夫をして行くうちに、脳波計とは全く異質の応用範囲があることがわかってきた。

非常に意外と思われるのは、脳波研究の専門家やメーカでなく、その周辺にいる関係者や機関からのほうが新しい商品を生み易い、という事実もある。

ここでは、「脳波」を基本に派生してきた新しい商品群を紹介しておこう。

まずは、1990年代の後半になって、ドイツとアメリカのメーカから、ほぼ同時に「麻酔深度モニタ」という製品が上市された。

この装置は、従来の脳波計とは使用目的・領域、さらには使い方なども含めて、別製品という位置づけが適当だろう。だが、パラメータが脳波であるという点が一致しており、捉え方によっては、脳波計からのブレイクスルーという受け止め方が可能だ。図表５－２には、視点をかえた項目を配し、その違いを整理してみた。

この表から示唆されることを記すなら、オリジナル製品からのブレイクスルーであるはずの麻酔深度モニタは、まったく新しい領域の開拓を成功させたという見方が可能となる。そのうえで、さらなる効果を上げるなら、オリジナル製品「脳波計」への多くのフィードバックも可能な新製品としての価値もある。その意味で、麻酔深度モニタの意義が、麻酔領域への新展開と同時に、現製品への大きな反省材料・改良材料を提供している意味で、ダブル効果を有する画期的な製品であることがわかる。

「簡易化」が新製品をもたらすこともある

全く違う面から、脳波計の応用製品について紹介

比較項目	脳波計	麻酔深度モニタ
使用目的	脳機能の検査	麻酔深度のモニタリング
適用領域	脳外科・神経内科	麻酔科
使用方法	電極関連の処理の煩雑さ 本体操作の煩雑さ	電極パッドなどによる簡単な装着、本体の操作は容易
信号対雑音比	雑音を誘導しやすく、S/N比の向上が難しい	雑音を認識しやすく、S/N比の向上
信号処理	膨大なアナログ信号の記録 オンラインでの結果判定が難しい	オンラインでのデータ処理によるトレンド表示可能
使用環境	診断のためのスペース必要	省スペース可能

図表5-2　脳波測定のブレイクスルー

しよう。脳波を使って、睡眠評価を試みた製品だ。

　脳波が脳活動を表す特性を有することを利用した製品で、睡眠の解析が可能な「睡眠モニタ」という医療機器だ。この製品は、脳波を1チャンネルだけ利用して、被験者の睡眠状態がモニタリング可能な装置である。

　脳波の周波数帯を分析すれば、高いほうから順にβ波、α波、θ波、δ波と分類されている。このうちθ波は徐波とも呼ばれ、睡眠中に現れる周波数の低い信号を指す。この周波数帯に注目すれば、たとえ1チャネルだけの脳波測定でも、睡眠の解析が可能だということがわかったのである。

　したがって、脳波計が検査機器の一種と考えれば、睡眠モニタは検査から脱皮してモニタリング領域へ展開した別機種との見方が可能となる。

　モニタリングというと相当大げさな装置を想像してしまうが、実際に開発された装置は小型軽量で、家庭内にも持ち込める簡易型のモニタだ。実際に測定されたデータから、日本人の睡眠状態を男女別・年代別に解析することができ、こうした簡易型装置でも睡眠状態が計測可能になったことを示している。

　実際に設計開発したのは、ベンチャー企業のスリープウエル社で、開発期間もそれほどかけてない。これまで、睡眠評価装置といえば、睡眠時無呼吸検査装置（睡眠ポリグラフ）と称する多チャネルの検査装置を意味していた。

検査者側にとっても非検査者側にとっても、決して簡単ではなかった装置に比して、ほとんど違和感のないいわゆる「低侵襲性（人体への負担が少ないこと）」であることも特徴だ。というのは、従来の方法を用いると、患者への電極・センサ類の装着がたくさんあり、被験者にとって寝にくい状況を引き起こしてしまう欠点もあった。睡眠を測定するのに、睡眠自体を妨害してしまうようなら、測定法としての資質に関わる問題だ。

数十年も使い続けられてきた脳波計から、測定の「簡易化」によって、かえって大切な情報が引き出せるようになったというのは、驚きかも知れない。だが、専門領域に没入していると、こうした小さなアイデアが重要な機器開発に生きることを予知できないこともある。

もう一つ付け加えておこう。医療機器としての役割はともかく、こうした簡易測定なら健康機器への推移も期待できる。日常生活の場に持ち込めるので、医療目的よりヘルスケア目的として展開できる要素を兼ね備えているからだ。

睡眠モニタは、高性能化だけが優れた製品への入り口でないことを教えてくれる事例でもある。

見方を変えるだけでも新商品は生まれる

もう一歩、新領域での活躍が期待できる製品についても紹介しておこう。

アメリカのCadwell社が開発した「圧縮脳波モニタ」で、日本での発売は２０１８年。圧縮脳波とは、ａＥＥＧ（Amplitude integrated EEG，波高積算脳波）のことで、開発当初は主に新生児の脳波活動のモニタリングに使われていた。脳波の振幅変動を圧縮表示することにより、てんかん発作の予兆や睡眠覚醒周期などのモニタリングとして利用できることがわかってきた。

時間的に圧縮されていることから、長時間の脳活動の変動をモニタリングできる特徴を有する。従来の脳波計が、短時間における検査目的に使用されていたのに比べると、検査からモニタリングへの用途と利便性に関して大きな違いが出てきた。

この発想は、もちろん医療側からの知見がもとになっていると思われるが、データの時間的な圧縮から生まれたもので、ハード・ソフトの設計側からの難度はない。何十年もの間、多チャネル脳波計の実時間記録を眺めていても、出てきそうもないアイディアだということを考えると、ときには、立ち止まって全体を眺めてみるものだ、というのが偽らざる感想である。

新商品を企画する場合、何か新しい生体パラメータを測定するようなことばかり考えていると、このような地味ながら有意義な発想にいたらない。

医療機器開発には、独特のビジネスモデルがある

図表5－1の脳波に絡む新商品開発を眺めてみて、共通的に示唆されている事項がある。商品化に関わる壁の突破法とでもいうべきものだ。一つの商品の進展には、大きな壁が存在するケースもある。それに立ち往生しているとまったく前に進めない。だが、一つの壁を突破した途端、第二の壁や第三の壁をも突破しやすくなることがある。

一つの機器を生産・販売する担当企業・専門家は、その機器を改良して、さらに高性能化する、あるいは高機能にして使い易くすることに集中し続ける。そのようなケースでは、展開される範囲が狭いため、大きな飛躍につながりにくい。ましてや、目的を変える、対象を変える、価値を変えるといった進展にブレーキがかかってしまう。

とくに、前記の事例でいうなら、すべての開発者が目指す「高性能化」がかえって新商品開発の足かせになることさえある。「睡眠モニタ」の商品企画は、まったく正反対の「単機能化」「簡略化」という視点から生まれたものだ。

医療機器とは、複雑で難しいものと考えている限り、もっと簡単で誰でも使えるような

新製品は生まれようがない。そういった固定観念が「使い易い」「役に立つ」機器開発の妨げになる。

もう一つ、決定的な誤解があることを示そう。「脳波」という古典的な生体パラメータに対して、その応用研究をしようという研究者が少ない。そんな古いものから、「新しい機器が生まれることがない」と決めつけているからだ。さらには、何十年となく使用され続けている「脳波計」の系統から、新機種など出てくることなどありえないと思っているからだろう。

ここに、大きな落とし穴があり、それが新商品企画への大きな妨げとなっていることに気づかない。要は、間違った先入観とともに、現代の新技術などに振り回されてしまう傾向がある。ともすると、ロボット、ＡＩといったものを応用すれば、革新的な医療機器が生まれるという先入観。じつは、こちらのほうがもっと弊害があるといってもいい。

おそらく、脳波とロボットを結び付けて新しい医療機器を生み出そうという努力は、今後も続くだろう。だが、すでに述べたように、生体の動きとロボットの機能は、必ずしも一致したものではない。

また、ＡＩと脳波を結び付け、新しい診療に直結するような努力も続くだろう。それはそれで、進歩・発展することを願う。

とはいえ、そうした企画とは裏腹に、新しい医療機器を生み出すためのノウハウは、まったく別のところに存在することも理解してほしい。

新しい医療機器の進展は、もしかしたら、現存の機器を十分に検討し、ときには側面からあるいは裏側から再検討してみることをお勧めしたい。そのほうが、現実的であり、実用的であり、かつ有用な新しい機器を生む原動力になりうるからでもある。

コラム❺

「使い捨て」にして桁違いの市場創出

コンタクトレンズといえば、今は「使い捨て」が大方のイメージだろう。コンタクトレンズ市場において「使い捨てコンタクトレンズ」が普及し始めたのは1990年代になってからだ。それまでは擦って洗浄をする、コンベンショナルレンズという従来型のソフトコンタクトレンズやハードコンタクトレンズが主流であった。しかし、洗浄をしっかりと行わないユーザが増え、眼障害も増加した。

そこで、アメリカに本社を置くジョンソンアンドジョンソン社が使い捨てコンタクトレンズを上市、使い捨てという交換頻度の多さにより安定的な経済的循環や相乗効果を生み出す市場を創出した。今日では2000億円市場ともいわれる巨大なマーケットを形成している。

同社の創業者は米国で滅菌済みの包帯導入による感染症を防止した立役者で「お家芸の転用」といってもよい。ちなみに日本国内における医療機器の輸入過多原因の第一位はこのコンタクトレンズである。さらに、近年では黒目を大きく見せるサークルレンズや、カラーコンタクトレンズが女性に普及し、化粧品のような取扱いによりさらに安定的な市場が構築された。また、老眼鏡を掛けていることを気にする若年の老視眼患者は、装用していても老眼用とはわからない遠近両用コンタクトレンズを装用している。

じつは、従来どおり1枚1枚手作りの製法に拘った日本企業は、この変化（装置産業である大量生産）について行くことができず、何社も倒産に追いやられた。医療機器はこのように常に改良・応用され、創出されたアイディアにより市場が形成される。そして変化に敏感でなければ、「明日は我が身」であることに十分な警戒が必要だ。

第六章

新規開発と薬機法の適合性を探る

医療機器の新規開発を妨げる要素とその対応

ここでは、医療機器開発と、現時点での薬機法との相性から追跡してみよう。

新機種開発の際にまず遭遇する壁は、社内に「薬機法取締役」とでもいうべき責任者・担当者の存在であることが多い。その担当者は、各種の経験を積み、その慎重な姿勢から〝それは危ない〟〝リスクが大きい〟と警告を発するいわば「リスクマネージメント」を担う人たちを指す。大抵の場合、その経験値の中から発せられることばであり、未知の領域への警戒心そのものだ。

しかしながら、実際にはことを進めてゆくことが必要である。すなわち、目標（例えば新しい医療機器の開発）に対して、多くの経験者の見解や、類似品の事例を知るにつれ、問題の解決方法が理解できてくる。その段階になれば、「リスクマネージメント専門官」が発していた〝危険〟や〝リスク〟という要因が回避できるようになる。一人あるいは特定の意見だけに左右されて、新規開発を諦めてはいけないのだ。

次の壁は、開発資金や投資の壁である。中小企業は、新規事業にはなかなか費用をかけることができない。最終的な目的地が見えたとしても、そのルートは多岐に渡る。お金をかけて一気に飛んでショートカットする方法から、ゆっくりと細く長く目的地点に到達することも可能だ。公的資金や補助金を得ることによりこの問題を解決できる場合もある。最近では医工連携というタームで、官民協力して、医療機器の輸入超過を打破する潮流に乗ることも可能となる。このような開発費用を使うことにも関連するが、「いつまでに」「どのような目標で」「何をする」という期限を区切らずに開発する場合も同様である。経営者が1日でも早く進めたい気持ちと同調せずに、開発担当者らは、得られるインセンティブがなければどれだけ時間・予算をかけても気持ちに火が着かないケースもある。

そして、医療機器特有の法的要因による壁が立ちふさがる。実際には、法律には、法的要件への同等性や代替え手段によって、これを突破することが可能になるケースもある。ある一つの法的要件により、新しい医療機器導入を諦めるというのは極めて稚拙な思考なのだ。これも、一担当者のいうことや法的要件に示された文章を真に受けて、前進することができなくなる例である。最新の医療機器であっても、ＩＴや技術の発展により、その法的解釈が時代の流れに追いつかない場合もある。

ここで諦めてしまうほうが、一社員にとっては楽かもしれない。しかし、優れた医療機器を世の中に出すという、質の高い仕事をしない限り、会社あるいは社会には貢献できないことになる。

法的要件の突破に対して代替え手段はないか、考えに考え抜くことで、必ずやそこに突破口が開かれることが多い。これらの突破なくしては医療機器の素顔を見ることすらできないのだ。まずは、現状認識の上で、薬機法突破の方策を練ることから始めなければならない。次項で薬機法突破の一つの手段として、民生品（非医療機器）としての突破口の視点からの事例を見てみる。

医療機器と非医療機器の間に

次に、薬機法の及ぶ範囲と、及ばない範囲の話に移ろう。

第四章で示したアップルウォッチの心電図ソフト搭載は、将来の医療機器・健康機器の境界線のせめぎ合いに一石を投じる結果になった。

そもそも、法律でいう「医療機器」に関して、非医療機器との明確なボーダーラインが引かれていない実情を、まずは認識しておかなくてはならない。

医療機器の定義からすると、「治療するかしないか」「診断するかしないか」という判定基準がある。とはいえ、どちらともいえないケースもある。あるいは、医師などの医療従事者が使うのか個人使用なのかという判断もあるが、両者ともに使用する場合もある。また、これらの基準をもとに薬機法上の認可品目に該当しているのかどうかという判断もある。しかし、それらのいずれであっても、ボーダーライン上にあるものが多々存在する。

アップルウォッチの例に戻ると、本来は非医療機器なのに、機能の一部に「心電図表示あるいは一部の解析機能」が加わったことによって「医療機器化した」という表現が適当かも知れない。

というのは、これまで日常的にも脈拍数は計れていたが、医療機器とは言われていなかったし、もちろんＦＤＡの認可もなかった。脈拍数程度なら非医療機器として許される、という非常にあいまいな判断もある。現時点での日本における考え方も、非公式ながら「脈拍数だけなら健康機器でよい」というのが複数の都道府県庁の窓口での回答だ。

最近のアップルウォッチは、初めてＦＤＡが認可した心電図アプリ搭載型の「腕時計」でもある。本来の日用品の中に「医療機器」が入り込んできたという受けとめ方もあるが、こうした線引きは時代とともに変遷するというのが実情でもある。

しかし、もっと現実的な話をすれば、一般市場ではさらに多くの生体情報がモニタリングできる機器が出回っている。規制サイドからは、健康機器市場への公式見解はないまま、いわば野放し状態が続く。

この辺で、監督省庁をどこにするのかもはっきりと定め、わかりやすい法規制の下での公式判断が必要である。

業界サイドでのボーダーライン対応について

健康機器、介護用機器、福祉用機器あるいは美容機器など、ヘルスケア機器についてはは法規制もなく、標準化や業界認定などの模索も続いている。図表6-1には、主要な標準規格や認定などの現況を示した。

まず、国際的なものとして、Continuaという通信規格標準が2009年に制定された。

また、わが国のソフト面では、2014年の「プログラム医療機器」の法規制化と同時に、「ヘルスソフトウエア（GHS）認定」という制度が開始された。一般社団法人ヘルスソフトウエア推進協議会が認定する制度で、医療機器および健康機器関連分野を含めたソフトウエアの業界基準が制定された。完璧とはいえないまでも、医療機器とともに健康関連機器のソフトウエアについても「基準制度」が確立し、実行されつつあると評価してよい。

一方、ハードウエア側でいうなら、神奈川県が推進する「未病機器認定」というのが2014年から始まっている。〝ME-BYO〟というロゴを設定して、一定水準にある健康機器を独自認定する制度である。

さらに2018年に日本ホームヘルス機器協会が、「体調改善機器」の認定制度を開始

分野	業界基準	団体名	シンボルマーク	開始年
通信標準規格関連	Continua	Continua Health Alliance	Continua	2009年
ソフトウエア関連	GHS (Good Health Software)	ヘルスソフトウエア推進協議会	GHS	2014年
ハードウエア関連	未病ブランド	神奈川県	KANAGAWA ME-BYO BRAND	2014年
ハードウエア関連	体質改善機器	ホームヘルス協会	HAPI 体調改善機器製品認定	2018年

図表6-1　主要な標準規格

した。本制度の目指す「認定要綱」を要約すると、健康機器等が「安全性」や「機能の妥当性」を有していて、それらが「一定水準に達している」という認定が主目的だ。これらを満たせば、消費者に信頼や安心感を与えることができ、生活のQOL向上に役立つ、としている。

本制度では、「体調改善機器」という新規用語が使われており、「医療機器」と「介護機器」は対象外とされている。適用範囲が限定的とはいえ、ヘルスケア機器群と称せられる分野に新しい制度が導入される意義は大きい。

前記アップルウォッチのニュースのとおり、近年では、医療機器と健康機器の距離が最接近するところまで来た。おそらく、わが国でもこの議論を加速させなければ、時流に乗り遅れることになる。つまり、ソフトウエアだけでなく、ハードウエアについても、さらに突っ込んだ検討が重要になってきている。

新規開発と法律・標準化に関わる誤解

つぎに、医療機器に関わる歴史的な経緯から、新規製品と法規制の関係を見ておこう。医療機器の起源を遡ると、優れた発明や新規機器開発はすべからく「創造性や革新性」を有していることがわかる。

レントゲンが発明したX線装置、アイントーフェンが創り上げた心電計、またリヴァロッチの水銀血圧計などなど。19世紀から20世紀への移行期に集中して発明されたこれらの医療機器の誕生は、三種の神器といっていい。20世紀の日本に目を転ずれば、胃カメラ(内視鏡)、磁気治療器、生体情報モニタ、パルスオキシメータなどなど、オリジナル製品がたくさんある。

これらの発明当時の状況を考えれば、ＦＤＡも薬機法もなかった時代の発明品だというのを共通認識として持っておきたい。

もう一つは、まったく違った切り口からの標準規格についても同じことが考えられる。こちらは、当然のことながら新製品がある程度の普及をみた段階での立案、審議、制定への順番となる。ＩＥＣ、ＩＳＯそれにＪＩＳなどにおいて、この図式は普遍的であり、標準化の前に必ず新規製品の存在がある。

なぜこんな事例を出したかというと、理由は極めて単純だ。多くの医療機器産業従事者の「医療機器開発」イコール「薬機法突破」という勘違いを改めてもらいたいためだ。この思い違いは、会社の経営者にも開発の担当者自身にも共有されている節がある。

まっとうな現実論を言うなら、こうした勘違いは企業側だけでなく、規制サイドすなわち官庁側を含めた業界全体の大きな課題につながっている。

ある一企業の商品開発は、まずは薬機法突破の対応からスタートという現実がある。これがなにを意味するのか、まずは検証してみよう。この裏にあるのは、「新製品は、品目承認あるいは認証をとれば売れる」という大きな幻想だ。

この考え方は部分的に正しいし、「類似品」の開発こそ、早期商品化への非常に有効な手段でもある。だが、真の新規開発やアイディアに富んだ製品企画を行う際には、薬機法が大きな障壁となっていることも事実なのである。なぜなら、新規性の高い商品ほど認証や承認が難しいのは事実であり、それゆえに、「難題の薬機法さえクリアできれば、革新的な医療機器が誕生する」という錯覚を起こすのだ。

法適合と開発戦略の違い

さらに、医療機器の多様性からくる「法規制」のわかりにくさは、とくに申請者側・メーカ側なら痛いほどよくわかっている。とはいえ、申請者は申請に関わるあらゆるバリアを突破しない限り、販売可能なものを作ることができない。つまり、試作の段階や少量の実生産の段階では、「本格的な商品販売」が可能とならないのである。

その難題に関して、具体例で示すことにしよう。

一つとして同じものが存在しない医療機器であるため、「商品化」までの道のりや道程の違いは、機種によって異なる。とはいえ、「薬機法突破」の難易度を低く抑えるためには、旧来の「類似品」の延長線上にあるほうがベター。クラスⅡまでであれば、類似品の存在により第三者認証が可能となることにもつながる。つまり、法的に考えるなら、商売には他社と同じ医療機器を作るのが手っ取り早い。

そこで、もっと難題が発生する。自社製・他社製に限らず「類似品」を謳うと、独自性という利点が失われてしまうという矛盾だ。商品としての競争力を増すためには、「新しい機能や性能」がセールスポイントになる。だが、それを前面に出せば「ＰＭＤＡでの承認が必要」となり、商品化へのバリアが高くなってしまうという問題を招く。

新規医療機器開発の出発点での課題がこの「法規制に起因する矛盾」にある。

医療機器開発の難題と突破策

ここで、実際の状況を説明しておきたい。

本来、医療機器であろうと、商品化までのステップは汎用製品とほぼ同じで、一定の開発過程が必須である。順にあげてみれば、機能設計、機能試験機試作、製品化試作、生産設計、少量商品化試作、本格生産というような順路が存在する。ここで、医療機器の特別的なバリアとなるのが、その後の「薬機法」申請だ。

医療機器専業メーカにとってもスタートアップにとっても、この壁の高さは計り知れない。一つは費用でもう一つが審査期間だ。たとえ取得できたとしても、企業側には本当の試練が待ち受ける。売れるか売れないか、認証・承認の後にならないと勝負が決まらないという難関が待ち構える。

スタートアップでの新商品開発のケースなどでは、思ったほど売れないことも多く、最悪の場合、かけた費用と時間が全く無駄になってしまう。やむなく、承認取り下げや、悪くすると企業としての存続さえ危うくしてしまう。

この事実をふまえて、企業側に提案したいことが明白になる。「薬機法突破」は、「商品化企画」と分離して考えることだ。「薬事法突破が新商品企画に直結しないこと」はすでに述べた。

逆にすればいいだけの話で、「商品化企画」「販売戦略」を優先させることが一番である。そのためには、新規開発品については、まずは「薬機法突破」を念頭から外してかかるほうがいいだろう。というより、構想は薬機法とは無関係に練るべきで、そうしないと画期的な商品は生まれない。

最初の段階では、十分かつ綿密な、研究・調査・機能試作を徹底的に行う。その時点で、マーケティングなども十分に行い、市場性や競争力もチェックする。じつは、現状の日本の制度では、この過程でのバリアが高すぎる。なぜなら、試作器の段階、未承認機器のままでは、一時的にも販売という形で市場に出すことがご法度なのだ。「臨床研究法」も施行されたばかりであり、医療機器に必要な効果・効能を実証・具備するための根拠となる臨床試験の実施も重くのしかかる。

申請者側は、この段階で十分な「勝算」が見込めなければ、薬機法申請・商品化を諦める決断が必要だ。売れるかどうか、役に立つかどうかわからない開発品を、申請・取得してみたところで、まったく意味をなさない。つまり、「薬機法突破」は「新商品誕生」の必要条件であっても、十分条件ではないことを認識しておくことが重要だ。それこそ、薬機法クリアとは、「売ってはいけない」から「売ってもいい」状態に進んだ程度であって、商売とは無関係と考えるべきなのだ。

新製品開発に関わる負担の軽減法は？

以上のような「現況」から導き出される考え方がある。

生産者側での制約を軽減するには、新規性のある発明品や開発製品に、最初から法律を押し付けるべきでない、という考え方だ。新規開発を法で縛るな、と言い換えてもいい。

薬機法もそうだが、法規や標準の「範囲内で」という制約が新しい構想を拒んでいる節がある。これは、制定当初には薬だけの法律だった「薬事法」に起因しているからだ。

医薬品と医療機器は何がちがうかと問われれば、何といっても「すべての医薬品は類似性が高い」が、「医療機器は千差万別」だといえる。医療機器を一品料理と表現したとおり、一つとして同じものがないほどバラエティーに富んでいる。すなわち、形状、仕様面、原材料、使い方、製法・生産量といった各種の切り口を比較パラメータに据えてみても、両者の違いは歴然としている。

言いたいことは、次のことだ。医薬品には、「新薬」か「ジェネリック」かに分類される図式がある。だからといって、何もかも一律でない医療機器を「新規」「改良」「後発」などに分類することだけでも、じつは難作業だといっていい。つまり、これだけの多様性を持ち合わせている医療機器群を、「何をもって、この分類に落とし込むか」、全く違うジャンルのものを同じ分類法で仕分けることに無理がある。

この無理難題と格闘する申請者側、審査側での工数・時間の負担も計り知れない。医療機器開発の「実質的な工数」に比較して、こうした間接的な工数の浪費は、官民両者の時間の無駄遣いとともに、「開発の主たる遅れ」の元凶にもなる。

そこで、一つ提案したいことがある。医療機器に関しては「研究開発」と「商品企画」を完全分離する方策はないのだろうか。

つまり、医療機器の承認について、基本的な条件を満たすだけで「仮免許」を与えるような方式を取り入れるのはどうだろう。もしも、市場でのニーズが確認でき、ある程度の採算性が見込めるようになったら、本申請・本審査に移行する方式だ。たとえば、開発段階、試作段階で「申請準備届」のようなものを提出するだけで済むようにすればよいのではないだろうか。いうならば、クラスⅠ製品の届と同程度の内容にすればいい。

この準備段階で、メーカ側は市場性も含めた調査を行い、もしも採算性に合うようなら、初めて本審査の申請をする。こうすれば、たぶん、現状でのクラスⅡ・クラスⅢ・クラスⅣ申請数の半分程度は、本申請をあきらめることになるのではないのか。

実情を書くなら、多くの時間と費用を費やして認証取得した医療機器でさえ、販売がうまくゆかず、メーカ側では多大なダメージとなることさえある。事実、薬機法を突破しても、市場に出回わらない品種数は計り知れない。

したがって、この事態を回避する方策が「仮免許」方式といえる。こういった制度が導入できれば、現在の官民が抱える無駄な審査費用や審査工数の削減にもつながり、両者の負担は半減するはずだ。企業側にとってのリスク低減にも直結するだろう。この課題は、官民一体となって最良の実践論を確立すべきだ。

医療機器と医薬品は何が違うのか

医薬品と医療機器の違いについて、種々な切り口から論じてきたが、もっというと、これらは似て非なるものであり、同じ法律で扱うには弊害が大きすぎる。先に記したとおり医薬品は一品だが、医療機器は千差万別、どういう理由で医薬品と医療機器を「同類」とみなすのか。

新薬かジェネリックかは、だれが見ても明白であり、その区別の議論はありえない。だが、医療機器の区別はそんな単純ではない。それこそ、新製品開発者でない限り、一品種を適格に分類することさえ不可能なのだ。一品一品の個性が強すぎ、どこをさして「似ているとか」「似てないとか」、あるいは「今までに存在していたのか」「存在していなかったのか」などの判定にいたるのか、まったく判然としない。

クラスⅡの医療機器の認証申請を例に挙げてみる。ある認証機関では受け付けてくれないものも、別の認証機関では受け付けられる場合もある。これは審査側の経験やスキル、過去の取扱事例に基づくものでもあり、前記同様に判然としない事例である。法が存在する中での「類似」というタームが、受け取る側の担当者によって、同一の一般的名称への「該当性」の見解が異なる場合が出てくる。

認証申請の具体的な話として、実際に判定された不適切な実例を示しておく。クラスⅡのX線装置で、電源を内部電池化したことだけで「これまでの類例がないことから認証基準から外れる」という判断をされ、第三者認証機関からPMDAの承認に回された例さえある。医療機器の本質を判定するなら、三大要件の「品質、有効性、安全性」からしても何らの新規性がない。それなのに、PMDAでの承認に2年近くを要した。審査されたのは、三大要件とはかけ離れた、些細な事項だけだったことを追記しておきたい。

また、審査側からは、できる限り「新規」に持って行こうとするし、申請側からは何とか「後発」に持って行きたいという思惑が働く。さらに、前者が「効果効能」を絞る方向なのに、後者は広げたいという逆方向のせめぎあいがある。審査側がそれを絞る理由としては、国の行政機関が審査したものに対して、万が一不慮の事故が発生した場合、それを許可した国や行政機関自体が責任を追求されるリスクを少なくしたいからである。

とくに審査側の一番の勘違いと思われる事項をいわせてもらえば、「改良」イコール

「リスク」という考え方だ。これは、完全なる誤解だ。改良や新規開発は、医療の質の向上には不可欠だ。「安全性」をさらに増加させることもあるし、さらには「効果・効能」を倍加させることもある。つまり、新規開発や改良は、医療にとっても医療機器業界にとっても、「メリット」だということを再認識していただきたいのだ。

審査側にとっても、「新規」は決して敵でなく、味方であることを認識してほしい。

医薬品の法律から独立するべき理由

これだけ異なる両者を、一つの法律で縛る意味を見出せないままでいる。

すでに、いくつかの場面で、医療機器産業側から、何年にもわたって要望を出し続けている課題でもある。

あまり、総論だけいっても始まらないので、さらにいくつかの具体例を出しておこう。すでに述べた、医薬品と医療機器の性質に関して決定的な違いについて、別の方向から追記してみたい。

まずは単純な側面を紹介しておこう。医療機器の認可の中で、「添付文書」という必須の付属書類が義務付けられている。

本来、添付文書の起源をいうなら、古い時代に医師が患者のために薬の使用指針を書いた「能書き（のうがき）」とか「能書（のうしょ）」と呼ばれたもの。これが現代の「添付文書」なるもので、医薬品でない医療機器にも必須の書類となっている。薬の場合は、この書類もある程度一律の定型様式で済むが、千差万別の医療機器にも一律の添付文書を付けさせるのは、理解しがたい。医療機器の場合には、「取扱説明書」が必須であり、これだけ多種の機器には、それなりに異なった取説が付属している。にもかかわらず、医療機器にも「添付文書を」というのは、明らかにダブル規制というものだ。

薬事法の時代には、薬と同様に取り扱われていたため、あまり違和感を覚えていなかったが、現在の医療機器全体を俯瞰すれば、わざわざ、定型の添付文書を付属させる意味がない。医療機器には、「能書き」はいらない。

さらには、内容や表記事項も厳重に「医薬品と同類」として取り扱われるため、そこには「法定表記」の名のもとに僅かなミスがある場合でも「全品回収」のペナルティーが課せられる。これは、全くの人畜無害であっても必須事項なのだ。誰のためにもならない回収が、「法定」というタームで仕方なく実行される。それを取り締まる都道府県庁の担当職員も動員され、その処理が終わるまで、無意味な労働が課せられる。誰にとっても無害であれば、特例があって然るべきではないだろうか。

こういう矛盾は、早く改めるべきであろう。この一例を見ても、医療機器を独法として取り締まる法律を作り上げるべき「理由」が存在する。

「認証基準」の冗長性と非常識

実際の医療機器について、さらに違う面を見ておこう。

医薬品は、いったん成分や製法が決まってしまえば、「医療機器」のような「設計変更」はほとんどありえない。

しかし、医療機器の成長過程を見れば明らかなとおり、改良に改良を積み重ねて、現在の医療機器群が存在している。

もっとも不可解なのは、クラスⅡの「認証基準」による評価法だ。「指定管理医療機器」という分類の医療機器は、現在、1000に近い一般的名称が存在し、個々の品種について、それぞれ数十ページに及ぶ「認証基準」が制定されている。一品種の認証基準を理解するだけでも大変だし、認証する側にとっても、これだけの分量の書類を管理するだけでも気の遠くなるような話だ。個別の基準を制定しようと企画した動機も疑われるが、その大作を実行し続けている人びとの並大抵でない「力仕事」には「ご苦労さま」というしかない。

だが、内容を俯瞰する限り、大方の「基準要件」には共通項としての「長い文言」が存在する。実務を遂行する人ならすぐに理解できるのに、こんな不条理かつ膨大な基準は、早急に整理してほしい、というのが最低限の願いだ。

たとえば、全種に共通な項目だけを抜き出して、基本的基準とする。また、類別ごとに共通項を抜き出してダイジェスト版を作る。そのうえで、個々の品種ごとに特化した個別項目の基準を作る。

こうすることで、現在、推定でA４数万ページに及ぶ認証基準は、二桁ほど少ないページ数に集約できるはずだ。

審査するほうにとっても、審査される方にとっても、大幅な工数低減につながるだろう。

「医療機器法」の早期実現を

図表６－２には、医療機器と医薬品の主な違いを列記してみた。

ここで医療機器開発と医薬品開発に関して、最大の相違点について記しておく。

医療機器開発は、最初の設計が終われば、そこで完結するものではない。まずは、試作品を臨床評価してもらい、医療側からのフィードバックを改良に繋げる。しかも、この工程は、複雑な機器ほど何回にもわたって繰り返されるのが常である。

現在の薬機法をそのまま遵守するなら、一度申請して認められた内容に変更があれば、

比較項目	医療機器	医薬品
使用目的	診断・治療・リハビリなど多目的	ほとんど治療のみ
品種	30万以上	約3万
形状・形態	種々雑多	ほぼ同一
開発/商品化	常に改良/改善が必要	同一品目での改良/改善はない
製造方法	品種ごとに異なる	類似工程 （混合/加熱/乾燥/化学反応など）
基礎理論	物理学・電機（電子）工学	化学・薬学
使用法	品種により異なる 品種により技術習得が必要	ほぼ同一（主に服用・投与） 技術習得は必要なし
（取扱説明書）	（必要）	（不要）
使用形態/分類など	治療用、診断用、分析用など	飲む（内服薬）、塗る（外用薬）、注射する（注射剤）など

図表6-2　医療機器と医薬品の比較

その都度、「一部変更」などの措置を踏まなければならない。

一方、医薬品は成分と製法が確立すれば、それほどの回数の変更などない。

こうした本質的な特徴が異なっているものを、一つの法律で縛ることに矛盾が出てくるのである。

これまで、いくつかの実例をあげて、医薬品と医療機器の根本的な違いを説明してきた。このままでは、審査側・申請側にとっても、手続きだけで破たんしてしまう可能性さえ出てくる。

独立した「医療機器法」制定について、すでに長期間にわたって提案されてもいる。担当政府機関も、そろそろ重い腰を上げて、真剣に検討してもらいたいと願っている。

結論的にいうなら、医療機器法の神髄は「新規開発に適合した法規」に改めていただきたいということに尽きる。「法規制」は「新規開発」のシナジーであることが必然であり、決してアナジーであってはならない。

終章

日本発のオリジナル・ビジネスプラン

―実践的医療機器開発

成功品のビジネスプラン

図表終－1に示したのは、代表的な成功品としての医療機器のビジネスプランのサンプルである。

順を追って説明すると、まず①フジタ医科工業の「救急救命用生体情報モニタシステム」は現在進行形の開発製品で、公的支援事業により遂行中のプロジェクトだ。注目点は、マッチング機会での医療側からのニーズをメーカ側で受け止めた医工連携の典型的な事例だということだ。それに加え、救急医療に的を絞って、時代の趨勢を盛り込んだテーマが組み入れられているもので、「時代の上昇気流」を味方につけて離陸したといえる。

②の「CPAP治療器・ジャスミン」は、SAS（睡眠時無呼吸症候群）を対象とした呼吸治療器である。市販企業としての（株）小池メディカルが主宰し、数社のものづくり企業とのタイアップから生まれた製品だ。高齢化社会に伴い、在宅での呼吸サポート機器が望まれる状況が到来している。その中で、睡眠時無呼吸症候群を対象として、気道に持続的に陽圧をかけて「呼吸がしやすくなる」という原理原則を取り入れている。時代の市場ニーズをうまく取り入れたうえ、世界最小という「在宅向け」の設計が功を奏したといえよう。

製品概要	製品仕様	ビジネスとしての特徴
①救急救命用生体情報 モニタシステム 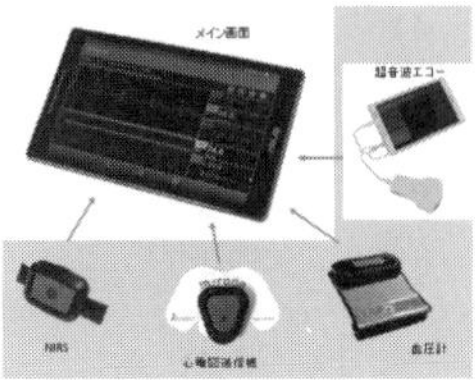	・救急救命を目的とした生体情報パラメータの選定による総合モニタリング ・主要バイタルサインの測定と情報伝達 ・ハンディ超音波エコー機器接続 ・局所酸素化指標の導入 ・ネット/IT機器（タブレット）の応用による低価格化	・公的資金による支援 ・フジタ医科工業が主宰 ・協力企業分担による得意分野の機器群をシステム化 ・既存技術の組み合わせによる新商品としての事業化 ・救急目的に沿ったパラメータの選択 ・時代の要求にしたがったシステムの構築
②CPAP治療器 ジャスミンJ 	・CPAP(持続的気道陽圧）治療が可能な小型機器 ・SAS(睡眠時無呼吸症候群)の治療を主目的とし、「より良い睡眠のために」がモットー ・タッチ式LCD搭載し、使いやすさを追及 ・独自アルゴリズムによる効果的な治療が可能 ・対象患者に応じて、圧力変動をカスタマイズ ・世界最小・最軽量の設計	・小池メディカルが製造販売 ・スマートプレッシャー機能を搭載し、安定した、より楽な呼吸を目指す ・パルスオキシメータによる酸素飽和度のモニタリングも可能 ・Bluetoothによる通信機能を有しPC、IoT端末とのデータ通信可能 ・日本のオリジナル製品

図表終-1　成功品のビジネスモデル例（1）

製品概要	製品仕様	ビジネスとしての特徴
③スマートコンタクト（角膜曲率変動測定計） 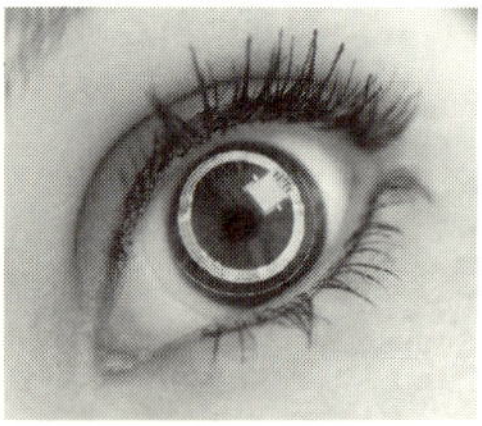	・販売名「トリガーフィッシュセンサ」 ・既存技術（コンタクトレンズ、歪センサ、ホイートストンブリッジ回路、ワイヤレス）の組み合わせによる、新規製品開発 ・眼圧モニタリングの技術確立 ・組み合わせ医療機器としての承認取得	・SensiMed社（スイス）による開発 ・輸入元：シード社 ・世界初の眼圧モニタリングの実現 ・来院時しか測定できなかったパラメータの連続使用を可能とした ・緑内障の疑いに対しての予備検査が可能 ・日本および全世界での販売展開
④ステップパルサ 	・高齢者用のトレーニング機器 ・無負荷でのステップ動作可能 ・室内でウォーキング同等効果が得られる ・心臓に負担をかけずに筋肉トレーニング（特に下半身）が可能 ・心電図・筋電図による効果・効能の検証	・エーアンドエーシステム社が開発・販売の健康機器 ・高齢化社会に対応する「やさしい機器」の開発 ・ロコモティブ・シンドローム（運動器症候群）対策が目的 ・エアロバイクと同等の負荷をかけながら心臓には負荷をかけない工夫

図表終-1　成功品のビジネスモデル例（2）

③の「スマートコンタクト」は、スイス・Sensimed社製の輸入品（輸入元：シード社）であるが、世界初の眼圧モニタリングを可能とした技術確立に成功した製品だ。既存技術だけを「組み合わせる」ことだけで、新製品を作り上げた意義は大きい。新規性といえば、眼圧のモニタリングができることで、これまで医療施設だけで可能だった測定が、コンタクトレンズに歪センサを埋め込むことにより日常生活中でもモニタリングできるようになった。技術的な斬新さには欠けていても、技術を統合することによって、まったく新しい分野が拓けることを示した功績は称賛に値する。眼圧は正常でも緑内障患者であるという日本人は多く、この場合、昼間の開院時には眼圧測定値は正常でも、夜間や寝ている間に眼圧が上昇するとされている。このような観測不能な緑内障進行の疑いがある場合の解決ツールとして、製造は海外であっても、日本国内の羅患の環境に合わせた日本向けのビジネスプランに期待がかかる。

④エーアンドエーシステムの高齢者向け「ステップ訓練機器」は非医療機器であり、薬機法の制約を受けない。高齢化社会という時代のニーズを先取りした商品企画で、未来志向のアイデアが封入されている。散歩やウォーキングがままならない高齢者のロコモティブシンドローム（運動器症候群）予防を主目的としている。室内に置いて、ウォーキング同等かそれ以上の効果が得られることが特徴で、最も注目されるのは、心臓に負担をかけずに、大腿筋を中心とした筋力トレーニングが行えることだ。心電図および筋電図を利用

したテストでは、心臓に負担をかけずにエアロビックスと同等の筋トレ効果が得られることがわかっている。時代の要請にしたがった商品企画であることが窺い知れる。

支援事業の成功サンプルから

第二章ではあえて支援事業の課題を挙げることにより、医療機器事業化への問題点を主体に述べた。とはいえ、総合的に見れば、国家事業としての成果は、大いに賞賛されるべきものといえる。ここでは、その事業での多くの成功品の中から、とくに注目されるビジネスモデルについて紹介しておきたい。

一つは、橋本電子工業が慈恵医科大学とタッグを組んで開発した、超音波血流計だ。本プロジェクトでは、超音波を利用して頸動脈上に装着したセンサで血栓子を検出できる装置を開発した。同大学の教授だった故古幡博先生が着想したアイディアを基本技術として製品開発までこぎ着けたもので、販売名を〝FURUHATA〟と冠してある点が特徴だ。

実際、血栓子をモニタリングできる装置は、世界を見渡しても、ほとんど存在していないこともあり、そのアイディアの固有性に定評がある製品となっている。FURUHATAは、日本人の特徴としての頭骸骨が厚いケースでも測定可能な点が注目に値するポイントとなっている。その意味から、世界初の商品という位置づけが可能で、これまで測定不能だった血栓子検出という独自性を有している。

とくに、わが国での開発品として、脳梗塞の早期発見・予防に役立つことから、臨床現場への市場拡大が見込まれている。さらには、エコノミー症候群についてのスクリーニングが可能という結果も報告され、これまで無防備だった領域への適用も期待されている。

もう一つは、メトラン社が中心となり、国立成育医療研究センターの協力を得て成功させた「成人用ＨＦＯ人工呼吸器」の開発である。ＨＦＯとは、High Frequency Oscillationを意味し、これまで同社が新生児用として開発してきた日本発のオリジナル製品だ。

本来のネーミング「ハミング・バード（キツツキのこと）」のとおり、通常の人工呼吸器と異なり、１回の換気量は小さくして、高頻度での振動を伴って換気を促す独特な方式となっている。それゆえに、「肺にやさしい」換気が可能となる点が最大のメリットである。したがって、従来からある新生児などの呼吸疾患を対象としていたものより、生命予後が改善されることがわかっている。

本件の支援事業のプロジェクトは、この方式を成人にも利用できるようにしたことにより、成人に対して、また欧米諸国への普及を狙ったものだ。とくに、死亡率が高いことで知られるＡＲＤＳ患者（急性呼吸促迫症候群：Acute Respiratory Distress Syndrome）についての適用が可能となり、その治療法としての有効性を示すことを主目標としている。そのための手段として、それぞれの患者の呼吸の特性を見極めたうえで、最適な呼吸プロトコルを設定できるようにした点に意味がある。

このような日本発のオリジナリティー製品ゆえ、国際規格ＩＳＯ基準として提案しようという企画がスタートしている。すでに何例か紹介したとおり、「新機種の開発者は、新しい標準規格を作る」ことも任務であり、それが商品企画トータルとしての役目でもある。ＨＦＯの概念の商品化は、この総合的な開発企画を通じて、典型的な実施例を示している好事例といえよう。

よく言われる、「日本初のすぐれた医療機器がない」というのは言い過ぎであり、こうした実用価値のある医療機器の存在は、広く世界的にも認識されるべきである。

「日本のCreativity」は養える

過去の「日本発」の医療機器を振り返ってみると、将来につながるヒントがたくさん隠されていることがわかる。

まずは、「医療ニーズへの感性」と表現すればよいだろうか。「真に医療が求めているのは何か」を察知して、いち早く実現化への道を模索する。以心伝心というか、まさに「医心伝心」と置き換えてもよさそうだ。

さらにいうなら、「医心」を思いやる以上の、工学的見地からの察知能力といえばよいだろうか。それに、ニーズの核心に触れるには、受け取る側のセンシティビティーも重要だ。つまり、側面から見た「受容力」を持ち合わせておく必要もある。もっと端的にいうなら、「何を要求しているのか」「何が不足しているのか」を工学・技術側から引き出そうという恒常的な感性とでもいえようか。

本文の中では実例として取り上げなかったものの、「内視鏡」についての創始価値については、今さら言うまでもない。日本の誇るオリジナル技術かつ製品ということができる。

発端は、医師側からの「胃の内部を診察したい」という長年の願いに答えを出す方法の模索だった。一番の問題は、胃の中は暗くて何も見えないということにあった。なぜなら、細いカテーテルの先に鏡やカメラを入れることはできても、暗くて何も見えなければ意味がない。当時、「腹中カメラ」と呼称された発明のポイントは、「カメラを入れる」ことではなく、「胃の中を光で照らす」ことにあった。

試作研究という段階では、光を照らせればそれで終わりということになる。だが、本当の医療機器開発、商品化の段階は、じつはここからが勝負となる。

医療機器となれば、「胃の中にカメラを入れることはできるし、光を当てることもできる」だけでは終結しないのだ。重要な点は、「人体に苦痛や悪影響を与えないこと」「カメラを安全に引き出すこと」「これらの操作が、簡単に安全に行えること」などが条件になる。じつは、医療機器開発の神髄がここにあるということを意味している。

いわれてみれば、何ということはない発明かも知れないが、課題解決、新商品開発は、医療の要望に応えるための「工学側からの回答」を用意することにある。オリンパスメディカルシステムの発明から70年近くも経過したが、このアイディアの優位性と商品としての価値はものを言い続けている。同社がこの製品で世界市場に君臨しつづけているのは、この商品販売に関わる技術側から医療側への継続的な努力があるからだ。

この発明の価値は、「医療側のニーズ」を聞き流さずに、常に「何とかしよう」という技術者魂の存在があった結果だと教えてくれる。とはいえ、こうしたアイディアや発明は、突然ひらめくものでもないし、商品化への努力は一度で終結するものではない。

自社技術、自社製品の中の基幹技術は、中にいる担当者自身にとっては「空気」のような存在でしかない。しかし、その「自社の空気」を求めている医療ニーズはないのか、それを常に意識しておくことに、商品化への「起点」が存在し、そのステータスを維持するための不断の努力が存在することを忘れてはならない。

日本発と表現したが、自社の持つ基礎技術を応用する製品について、常づね思い直してみることが新しい創造性と商品価値を生む。

プロダクト・ファーストの開発を

研究開発を見据えた先に、まずは何を置いても「現実的な商品」の存在を強く意識しておくことが極めて重要である。

こんな当たり前のことをなぜいうのか、という疑問をもつかも知れない。だが、医療機器産業にとって、商品なくして何も残らない。それなのに、「理論」「研究」「法律」だけを振り回すことを優先する向きもある。

もっと具体的な例でいうなら、最終目標が商品にあることを目指していないケースでは、往々にして、試行錯誤の繰り返しという悪例を目にすることがある。一体何を考えているのか、と疑いたくなる。

新しい製品開発を企画する場合、「新しい商品」を第一に考えない限り、医療機器産業の未来には期待が持てなくなる。どういう言い訳が存在しようとも、実際の「商品」になって、そのうえで医療の役に立って初めて意味を持つものなのだ。

幸いにして、わが国のものづくり企業の優位性は世界でダントツといっても言い過ぎではない。精密加工、精巧な部材製作、巧緻な組み立て作業、また、ソフト設計やＩＴ機器製造などなど、名だたる企業が並ぶ。そのうえで、製造業を主体とする企業間の連携が密で、相互交流も密という状況下にある。

医療機器産業は、あらゆる種類の製造業と密接に結びつく。しかも、その機会はいたるところにあり、日常的にもチャンスがある。この環境を最大限に利用することができるメリットは大きい。単純に「医工連携」や「産学連携」というタームで表されることが多いが、この意味の深さは計り知れない。これらの関係はかつてはＭＥ（Medical Engineering）とも呼ばれていたが、近年でもまだその延長上にあると考えればよいだろう。これはアメリカでの医療機器開発の基本概念が〝Biodesign〟に代表される理念であることとは一線を画す。こちらは「革新的医療機器開発」に直接結び付き、ともするとベンチャー志向が強く出ている。これに対してものづくり企業が中心プレーヤとして活躍するわが国の「医工連携」とは対照的な概念となっている。

医工連携の理念は、日本の実践的なものづくり企業が志向する医療機器の商品化事業に重点がある。というより、そこを基本に展開すべき「プロダクト・ファースト」の考え方だ。これなくして、わが国の医療機器開発の特徴は発揮できない。

わが国で得意とし、しかも世界でのシェアが高い製品をいくつか挙げてみよう。前例の内視鏡はもとより、血圧計、体温計、歩数計、汎用パルスオキシメータなど診断機に類する商品の広がりが目立つ。これらは、日本の企業が有するものづくりの利点をそのまま生かして成功しているものだ。

これまで指摘されている「治療器」の分野でも、すべての製品がアメリカやヨーロッパに劣っているわけではない。本書で示した例も含め、酸素濃縮装置、電気磁気治療器、特殊人工呼吸器、ハイパーサーミア治療器などなど、日本の製品が活躍している分野もたくさんある。

今後、再生医療領域に近いところでの医療機器群として期待される製品も多い。絶対的にすべての面で世界一になる必要は全くなく、それより、日本企業が得意とする分野やすでに利用価値が認められつつある機器群をもう一度見つめなおすことが重要だ。

例えば、これまでの医療機器のシステム化も、新しい市場が生み出せる。そこを起点として、さらなる展開を計るほうが遥かに現実的であり、それこそが未来に繋がる機器に展開できる可能性も高い。

稿を終えて

医療機器の開発に携わって55年ほどになる。この間、医療機器の生産側での一技術者として、また商品化への支援者として活動してきた。筆者本来の工学的見地からすれば、「生体」や「医療」という対象は、やや異質な分野へのかかわりだったという気がしている。

その中でとくに、「医療機器」はわれわれが日常的に接する機器群や商品とはやや異質だと感じている。この感覚は、最初に生体情報モニタを開発し始めたときから継続している。一体何が違うのか、じつは、開発を継続していてもはっきりとした差を言い表せないままでいた。

では、今は何か言えるのかといわれたら、一口では「こうです」といえない複雑さを実感している。それでも、具体的に何が違うのかを、本書ではいたるところで説明してきた。さらには、医療機器が医薬品とも大きな違いがあることにも言及したつもりだ。

この段に及んで、本書ではほとんど触れていなかったことに気づいたのだが、筆者の関わった「最初の生体情報モニタ」も、当時のポリグラフという主として研究用製品を「簡易化」することによって初めて「モニタリング」という概念を生み出した、という一事例だと再認識できた。本件に関しては、すでに別の書籍で詳述しているので、ご興味があれば参照していただきたい。

こうした例を出すまでもなく、医療機器の商品化や事業化は、少なくとも、それぞれの特性を理解したうえでの個々の対応策が必要となる。そのための、「どうするか」「どういう手段を用いるべきか」をいずれ書きたいと考え続けてきた帰結が本書である。あえて言うなら、対応策でなく「前進的な戦略」とでもいえばよいのか。

著者としての私自身が、日ごろから考え続けてきた主題でもあり、その回答をまとめたいという願望も含まれている。だから、本書は現時点における筆者自身の「考え方のまとめ」と捉えていただければ、と勝手ながら念じている。

それゆえに、本書の内容の一部、一項目であっても、現在、医療機器開発に関わっている方がたや経営者、またこれから医療機器産業に参入を目指している関係者にとって、何らかの参考になるなら、筆者としても望外の喜びとなる。もちろん、本書は、一技術者・一サポータとしての評論的私見であり、万能ではないことも重々承知している。さらに不足している内容など、また異論などあるケースでは、是非とも、忌憚のないご意見、ご感想を寄せていただければ、筆者としても望むところである。

近年、本を書くにあたって、「これを最終にしよう」と思うようになった。じつは、本書を書き始めた2018年春、筆者自身の「言いたいことを書く」ことにし、その集大成的な本にしたいと計画してスタートした。ところが、書き進めて半年余りの間に、また2－3の派生的なテーマが出てきてしまったことも事実である。欲張りといわれてもやむを得ないが、機会があればこれらのテーマについては再検討したいと感じている。

最後になったが、本書執筆に際し、いわゆる「成功品」として取り上げた機種とその企業に関し、担当者・関係者から多大なる資料・情報の提供を賜った。筆者からの要求や取材に快く応じていただいた関係者各位に対し、深い感謝の念を懐いている。しかも、これらの成功品に代表されるのは「開発の喜びと達成感」であり、それこそが本書の基調となっている。また、本書の企画から校正・編集をとおして、日刊工業新聞社の藤井浩氏には並なみならぬご努力をいただいた。また、医療機器業界に籍を置く次男・久保田慎に、開発の一当事者あるいは第三者的な立場からの修正・加筆を依頼した。合わせて、お礼のことばとしたい。もちろん、本書の内容などに関し、問題点や課題などあれば、すべて筆者自身の責任であることを付記しておく。

2018年　晴れの特異日にふさわしい文化の日に

調布のケイ・アンド・ケイ ジャパン（株）オフィスにて

久保田　博南

参考文献一覧

『健康を計る』　久保田博南　１９９３年刊　講談社・ブルーバックス
『日本の医療用具産業』　日本医療機器関係団体協議会　１９９６年　薬事日報社
『交流磁気が体を変える』　石渡弘三　１９９７年刊　ヘルス＆ライフサポート社
『新ＭＥ機器ハンドブック』　電子情報技術産業協会編　２００８年刊　コロナ社
『Ｔｈｅ ｐＥＥＧ小冊子』　Dr. Giessner et. al.　１９９８年刊　ドレーガ社
『医療機器の基礎知識』　医療機器センター編　２００１年刊　医療機器センター
『電気システムとしての人体』　久保田博南　２００１年刊　講談社・ブルーバックス
『医療機器の歴史』　久保田博南　２００３年刊　真興交易医書出版部
『ＭＥの基礎知識と安全管理』　日本生体医工学学会ＭＥ技術教育委員会編　２００８年刊　南江堂
『いのちを救う先端技術』　久保田博南　２００８年刊　ＰＨＰ研究所・ＰＨＰ新書
『医療機器』　久保田博南　２０１０年刊　真興交易医書出版部
『医療機器業界参入の必須知識』　宇喜多義敬　２０１３年刊　じほう
『医療機器参入のためのスタディブック』　医工連携推進機構編　２０１３年刊　薬事日報社
『無理なく円滑な医療機器産業への参入のかたち』　柏野聡彦　２０１４年刊　じほう
『光学技術の事典』　黒田和男他編　２０１４年刊　朝倉書店
『新医療立国論』　大村昭人　２０１５年　薬事日報社
『バイオデザイン』　日本医療機器産業連合会、日本ものづくりコモンズ監修　２０１５年刊　薬事日報社

『医療機器開発ガイド』　菊池眞監修　２０１６年刊　じほう
『生体情報モニタ50年』　久保田博南　２０１６年刊　薬事日報社
『医療機器の薬事業務解説』　小泉和夫　２０１７年刊　薬事日報社
『ハイパーサーミア』　古倉聡　２０１７年刊　診断と治療社
『日経デジタルヘルス年鑑２０１８』　日経デジタルヘルス編　２０１７年刊　日経ＢＰ社
『医療機器参入のためのガイドブック（第２版）』　医工連携推進機構編　２０１７年刊　薬事日報社

■著者略歴

久保田 博南（くぼた・ひろなみ）

1963年、群馬大学工学部電気工学科卒、日本光電工業（株）入社。生体情報モニタの創始・商品化、生体情報モニタのワイヤレス化の創始・商品化など。

1988年、コントロンインスツルメンツ（株）入社、代表取締役。実用・小型化パルスオキシメータの発案・開発支援など。

1994年、ケイ・アンド・ケイジャパン（株）設立、代表取締役。小型化心電図モニタの開発支援など、また、医療機器メーカ/大手異業種メーカなどの医療機器開発支援・コンサルタント。

この間、医工連携推進機構理事、ISO委員、日本医療機器学会誌編集委員、サイエンスライターなどを歴任。AMED/経済産業省、東京都、福島県など公的支援事業のサポート。

専門書として『生体情報モニタ50年』（薬事日報社）、『バイタルサインモニタ入門』（学研秀潤社）、『医療機器』『医療機器の歴史』『生体情報モニタ開発史』（以上、真興交易）などのほか、一般書として『磁力の科学』『枕と寝具の科学』（ともに、日刊工業新聞社、共著）、『いのちを救う先端技術』（PHP新書）、『電気システムとしての人体』『8か国科学用語事典』（ともに、講談社ブルーバックス）、『電波で巡る国ぐに』（コロナ社）など。

趣味は、サッカー、ジョギング、海外放送受信、辞書収集。

成功する医療機器開発ビジネスモデル

ゼロからの段階的参入でブレイクスルーを起こす　NDC535.4

2019年1月30日　初版1刷発行　定価はカバーに表示されております。

©著　者　久保田　博南
発行者　井水治博
発行所　日刊工業新聞社

〒103-8548　東京都中央区日本橋小網町14-1
電話　書籍編集部　03-5644-7490
販売・管理部　03-5644-7410
FAX　03-5644-7400
振替口座　00190-2-186076
URL　http://pub.nikkan.co.jp/
email　info@media.nikkan.co.jp

印刷・製本　新日本印刷

落丁・乱丁本はお取り替えいたします。　2019 Printed in Japan

ISBN 978-4-526-07929-0